博感情法则

——建立你的感情资产

刘水发◎编著

BO GANQING

FAZE

首都师范大学出版社

CAPITAL NORMAL UNIVERSITY PRESS

图书在版编目（CIP）数据

博感情法则——建立你的感情资产 / 刘水发编著. ——北京：

首都师范大学出版社，2012.1

ISBN 978 - 7 - 5656 - 0668 - 7

Ⅰ．①博… Ⅱ．①刘… Ⅲ．①情感 - 通俗读物

Ⅳ．①B842. 6 - 49

中国版本图书馆 CIP 数据核字（2012）第 011117 号

博感情法则——建立你的感情资产

刘水发　编著

策　划　李　锋　　责任编辑　靳丽霞　　责任设计　宏章·一品视觉

首都师范大学出版社出版发行

地　址　北京西三环北路 105 号

邮　编　100048

电　话　68418523（总编室）　　68982468（发行部）

网　址　www.cnupn.com.cn

北京天正元印务有限公司

全国新华书店发行

版　次　2012 年 3 月第 1 版

印　次　2012 年 3 月第 1 次印刷

开　本　700mm×1000mm　1/16

印　张　14.5

字　数　188 千字

定　价　36.00 元

博情感，赢人生

情感，是人们态度整体中的一部分，是人对客观事物以及他人所形成的一种主观色彩的个人认知，包括一个人的喜、怒、哀、乐，也包括一个人对某些物体、事件、他人的爱、恨、喜、恶。由此可见，情感完全是发自一个人内心的主观情绪，很难以客观的依据去判断其是非对错，比如你很难说一个人没有缘由地喜欢你、愿意亲近你就是完全的合乎情理，你也不能说一个人毫无道理地讨厌你、敌视你就是十足的"十恶不赦"，这其中的"没有缘由"或者是基于对方对于你的不同认知，或者是因为你自身所存在的某些长处或短处。那么，这样一种似乎完全是由他人的主观情绪所催生的个人情感与你的人生发展又有何必然联系呢？为什么说"博感情，赢人生"，为什么他人的情感会上升到与你的个人发展息息相关的高度呢？这完全是由情感的重要作用所决定的。

对于情感的重要作用，《心理学大辞典》中是这样阐述的："情感是适应人生存的心理工具，是人际交往中通信交流的重要手段，是维系人类于社会中生存发展的寄养。"人，是生存于社会之中的个体，人需要在社会中立足、发展，获取成功的人生，而社会是什么？要知道，社会是由人这样的无数个体所组成的集合体，从这个意义上讲，个人要在社会中谋求生存发展以及人生的成功，其本质上就是要与不同的人群打交道，通过与他人的交往来完成自身意愿，实现自身的期望。试想，如果你脱离人群，就无异于处在孤立的荒岛之中，又何谈自身的发展与成功呢？而与他人交往、磨合的过程，无疑是需要和他人进行情感交流与沟通的，并且要尽可能地赢得他人的情感认同。这个道理非常简单，人要谋求发展、获取成功，首先必须要得到他人的支持与认同，并且要得到他人的帮助。

那么，他人为何愿意接受你、支持你、帮助你，愿意成为辅助你成功的原动力呢？也就是说，要如何去赢得你自身发展所需的他人的给予呢？这无疑需要以情感作为牢固的根基。正所谓"亲者痛，仇者快"，在任何情况下，能够给予你所需的人必然都是那些在情感上认同你的人，这样一群人不是毫无缘由地就聚集到你身边来的，他们需要你用你的"情感经营艺术"去与之建立融洽、和谐的交往关系。古人云，"得道者多助，失道者寡助"，说的就是这个道理，唯有你用心去经营了你的人脉、构建了你的人脉关系、搭建了你的人脉金字塔，你才会在自己人生发展的道路上实现"天时、地利、人和"，保障你得到"人和"之力的鼎立协助。

在人生的发展当中，无论是做人、做事，无论是创业、谋职，无论是工作、生活，如此等等，都是"多个朋友多条路，多个冤家多堵墙"。可见，在一个人的人生发展当中，人脉的力量所发挥的作用和所具有的意义是巨大的，也是无可估量的，它是保障一个人得以发展的命脉之基。既然在社会交往中的人脉构建与情感经营如此重要，那我们又该如何去赢得他人情感、建筑自己的人脉金字塔，从而开拓自我的人生呢？我们要如何通过对他人的情感支持来赢得和创造自己的人生辉煌呢？这便是这本《博感情法则——建立你的感情资产》所要为您讲述的"社交大艺术"，它将为你打造一把开启他人情感之门的金钥匙，使你轻而易举地博得社会的支持、人际的情感和人脉的支持，从而赢得成功的人生。

目录 CONTENTS

中篇:商战博感情——大商家赢在无硝烟处

Chapter6
兵家商场,以博取感情赢得发展

Chapter7
博取客户感情,赢得最大的合作

目录

目
录

上篇

社交博感情

——助你社交如鱼得水

上 篇

社交博感情——助你社交如鱼得水

Chapter 1　社交生活中的"情感脉络"

　　什么是"情感脉络"，社会活动之中的"情感脉络"要怎样去构建？这无疑是人生发展之中的一门"大学问"，是人们想要谋求人生发展所必须攻克的一个"大课题"。一个人想要成就自己的成功人生，就必须懂得开启身边的人脉金矿，利用好身边的关系，而这就需要我们广结善缘，并且要善待身边的人。我们要记住：广结善缘与善待身边的人，就是我们开启身边这座人脉金矿的钥匙。至于广结善缘要从何去做，哪些社会人士是你的必交之友，哪些朋友会在什么特定的情况下给予你有力的协助，哪些情况之下你该去寻求哪种人脉关系的"救援"，这更是人生发展当中的一门"大艺术"。这一章就将带你走进"社交情感大课堂"，将这门"人际情感构建大艺术"细致地展现给你，并教给你掌握这门"大艺术"的绝佳技巧。

每个人的身边都有一座金矿

　　说到贵人，也许你会不自觉地叹息：人生能遇到几个贵人呢？要寻找贵人那真是难上加难！而贵人真的难以寻求吗？事实不然。其实我们身边每一个人都是我们潜在的贵人，在某些时候他们都会成为能够给予我们各种帮助的人。而是否能够开启这座金矿，关键在于我们是否能够意识到这座金矿的存在，是否能够掌握开启这座金矿的钥匙。

社会就是一个巨大的关系网络，无论是古代还是现代，一个人要想在社会中谋求生存发展和人生的巨大成功，都必须要懂得要如何去发掘、利用社会这个巨大的关系网。没有人际关系的人、孤军奋战的人很难获得人生发展，也一定不会成为最后的赢家，这个道理简单易懂，无须多言。那么，我们要如何在纷繁复杂的社会交往中去建立自己的人际关系，增强自己的人际情感呢？这便需要我们从身边入手，放眼去寻找、发掘身边的贵人。

说到贵人，也许你会不自觉地叹息：人生能遇到几个贵人呢？要寻找贵人那真是难上加难！如果你这样想，那你就大错特错了。要知道，我们身边的每一个人都是我们潜在的贵人，在某些时候他们都会成为能够给予我们不同帮助的人。正如哲人所言，"我们每个人的身边都有一座金矿"，是否能够开启这座金矿，关键在于我们是否能够意识到这座金矿的存在，是否能够掌握开启这座金矿的钥匙。

世界首富比尔·盖茨是我们很多人艳羡、仰慕的大人物，而比尔·盖茨的成功除了他自身所具备的智慧、才干、魄力、坚毅的精神条件之外，成就他的巨大的因素便是他身边的这座"人际金矿"。比尔·盖茨说："我之所以获得如此巨大的成功，除了我主观的奋斗之外，一个最重要的原因，就是我身边处处存在着能够给予我巨大帮助的贵人，比如我的母亲、我的妻子、我的合作伙伴、我的外国朋友、我的属下，他们以各自的能力为我的成功铺筑出了一条宽阔的大路。"

面对记者对这座金矿之说略带迷惑的询问，比尔·盖茨笑着回答说："首先，我说我的母亲是帮助我成功的贵人，是因为她不仅在生活中竭尽所能地照顾我、关爱我，让我拥有一个充满爱的成长环境，她还在我的事业发展中给予了我莫大的帮助，我20岁时的第一笔合同，就是我母亲帮我做的中间介绍，她向IBM的董事长介绍了我，才使我拥有了这个开创人生的一个转折的机会；我说我的妻子是我成功的贵人，是因为她不但在生活中像我的母亲一样给予我无微不至的照顾与关爱，妥善处理好家里的一切事务，使我拥有一个可以安心开拓事业的家庭，她还给了我莫大的鼓励与支持，当我遭受重大挫折的时候，她都会用她的理解、鼓励给我重建希望；我说我的合作伙伴是我的贵人，是因为如果没有他们，我怎么能够成功签下一份份商业合同，来发展自己的事业呢？譬如保罗、艾伦及史蒂芬，他们不仅为微软贡献自己的聪明才智，也贡献自己的人脉资源；我说我的外国朋友是我的贵人，是因为如果没有他们，我又怎么能够将自己的事业在全球范围内拓展呢？他们是我的微软走向全球化的第一引导人；我说我的下属是我的贵人，是因为如果没有他们，谁为我的微软贡献才智、创造财富呢？正是他们的兢兢业业、团结合作，才保障了微软公司的蓬勃发展啊！您看，这就是存在于我身边的人脉，难道他们不是帮助我走向成功的贵人吗？"

比尔·盖茨在初创微软公司的时候，他只是一个平凡得不能再平凡、普通得不能再普通的寻常之人，然而在他之后的人生发展当中，有力地借助了身边这些"贵人"的扶助，充分发掘了身边这座金矿潜藏的巨大能量，因而才取得了自己非凡的成功。比尔·盖茨的话告诉我们一个道理：不要忽视我们身边存在的这些人，包括家人、朋友、同事以及那些有可能成为朋友的陌生人，因为他们随时都有可能在我们需要的时候助上我们一臂之力，将我们的人生推向巅峰。

不要以为比尔·盖茨的人际金矿是一个神话，我们必须相信，在任何人身边都存在着这样一座取之不尽、用之不竭的大金矿，并且我们的人生发展需要这样一座金矿。在人生的发展中，很多外界因素在左右着我们的发展方向和发展进程，而这些身边的人便是其中最为重要的一种因素。他们为我们的人生发展提供了成功的动力和能量，会在最关键的时刻为我们指引方向、答疑解惑，会在我们最需要帮助的时候为我们雪中送炭、点燃希望。

纵观中外的名人，柴田和子正是凭借发掘身边人的力量发展成为日本著名的"推销女神";道格拉斯正是凭借身边朋友的举荐而一举成名,成为好莱坞的顶红明星;巴菲特正是凭借身边良师的指点,成为世界第一大股神。

这样的例子不胜枚举,我们艳羡这些成功人士遇到了贵人,可是他们的贵人又有哪一个不是身边的人呢?我们怨叹自己的身边不存在贵人,其实并不是贵人不存在于我们的身边,而是我们没有去发现他们,更没有好好地去把握他们。当我们遇到困难的时候或者想要实现某种夙愿的时候,我们总是想,如果有人能够让我扶摇直上该多好。我们将眼光投注在上帝与传说中的伯乐身上,可我们却忽视了身边人的力量。要知道,我们与这些成功人士一样,同样拥有着这样一座可贵的金矿,那么我们为什么不去开启、利用这座金矿呢?

简而言之,一个人想要拥有成功的人生,就必须懂得挖掘身边的人脉金矿,利用好身边的关系,这就需要我们广结善缘,并且要善待身边的人。我们要记住:广结善缘与善待身边的人,就是我们开启身边这座人脉金矿的钥匙。

医生朋友帮你维系健康

医生是生活中非常重要的一种职业,他们是救死扶伤、维系人类健康、帮助人类与病魔作斗争的主力军队。那么,如果在这样一个重要的行业中有一个我们所认识的朋友,你能想象得出他将会给我们自身与家人健康带来多大的益处吗?

医生是生活中非常重要的一种职业,他们是救死扶伤、维系人类健康、帮助人类与病魔作斗争的主力军队。如果没有医生的存在,人类社会将是一个什么样子,你能够想象得到吗?那么,如果在这样一个重要的行业中有一个我们所认识的朋友,你能想象得出他将会给我们自身与家人健康带来多大的益处吗？毫无疑问，这个益处可是非常大的，他会成为帮助我们维系健康的一支重要人脉关系。那么，拥有一个医生朋友，这其中的好处究竟有哪些呢？

我们先来看一下王妈妈的故事。读完她的故事，你就会发现有一个医生朋友对于我们的生活来说，是一件多么美妙的事情。

王妈妈一直以来都是一个高血糖病人。高血糖是王妈妈的家族遗传病，因为经常到医院去检查身体不仅非常麻烦，而且长此以往费用会很高，所以王妈妈心想血糖高点就高点吧，也无大碍，何苦要花费那么多财力和精力去治这去不了根的病呢！就这样，王妈妈的血糖一直都没有得到有效的控制。可是，自从她认识了杜医生之后，王妈妈不但血糖逐渐平稳了下来，而且身体其他方面的健康状况也明显比以前好了许多，这要从一年前说起。一年前，王妈妈在小区的老年中心认识了杜大姐，由于两个人比较能谈得来，因此很快就成为了朋友。在彼此的交谈中，杜大姐了解到王妈妈身体不好，而且血糖很高，便着急地说："你这样可不行，血糖得不到控制，以后发展成为重度糖尿病，再想医治就来不及了啊！我的女儿小英就是咱们市区医院的医生，她虽然不是主治你这个病的，但她读的是名牌医大，这点小病她肯定能帮你控制。"就这样，在杜大姐的帮助下，王妈妈认识了杜医生，并渐渐地和杜医生建立了很深的感情。自从认识杜医生之后，这位杜医生就几乎成了王妈妈的家庭医生，她隔三差五地到王妈妈家给她检查身体，还在医院以进价帮王妈妈购买药品，为王妈妈节省了很多开销。杜医生一直叮嘱王妈妈应该多做哪些运动、多吃哪些蔬果、少吃什么食物，这样在长期的以药物进行控制、以食疗和运动进行辅助治疗的情况下，王妈妈的血糖明显平稳了下来。另外，杜医生每次来都会为王妈妈讲解一些中老年人要如何保健身体的常识。在杜医生的帮助下，王妈妈的身体状况比以前要好上几倍呢。谈到这些，王妈妈颇有感慨地说："如果没有小杜，我怎么能够这么便利地治病呢？又怎么能够节省这么一大笔花销呢？认识了杜医生，这真是我们全家的福气啊！"

读完这个故事，你一定很羡慕王妈妈吧！我们会想，要是我们也有一个医生朋友做我们的"家庭医生"，那么我们又何苦遇到一些小病小灾的就去医院，一次医治就得花个千八百块钱呢？更为关键的是，如果我们也有这样一位"家庭医生"，那我们的身体健康不就可以随时有所保障了吗？

拥有一个医生朋友的第一大益处是，医生朋友就是我们的"家庭医生"，而我们的这一私人医生不需要任何聘用费，只需要我们善于运用感情投资，就可以享受到专职"家庭医生"的"优厚待遇"。当我们的健康出现问题，当我们感觉到身体不舒服时，只需要一个电话我们就可以知道如何去解决，吃什么药、要注意哪些事项。如果情形严重，打个电话，我们的朋友自然会在第一时间赶到家中，帮我们解决问题。而在平日里，有这样一位"私人医生"的存在，我们将可以了解到很多保健的常识和养生之道，这对维系我们的身体健康有着不可言传的好处。

拥有一个医生朋友的第二大益处是，医生朋友可以为我们节省相当的金钱开销。一方面，医生朋友会帮助我们在药品和医疗过程中的消费节省一大部分的必要开支；另一方面，医生朋友会帮助我们节省掉相当一部分的"医院潜规则"开支。我们都知道，现在住院看病要给医生"好处费"，这是"人情债"；同时，医院还会给我们开一些可有可无的药品，以增加医院自身的赢利，这是一笔"无奈费"。可是，如果我们在医院有一位熟人，那么通过熟人关系就可以免去这些不必要的开销了。

在一项关于人际脉络关系作用的调查中，被采访者小张说："自古人便说，多个朋友多条路，这话实在没错，因为不同的朋友会带给自己所需要的特别帮助。二十年前，我在去给小外甥看病时，认识了一位中医院小儿科的医生，在此之后我便经常到他那里去看病、开处方、配药，并且不用排队、不用挂号。其实大人与小孩之间的病情病理是相同的，只是药量与药名不一样而已，别看我只是认识了一位小儿科医生，我个人和我家人的健康可都是依赖在他身上了。更重要的是，通过他我又认识了这家医院的一些内科、牙科、外科的医生，这样一来，看病方便了，同时也节省了很多费用。"

显然，小张是一个非常善于进行人际交往的人，他结交了一位儿科医生，从此就拥有了自己的"私人医生"。之后，他又通过这位儿科医生结交了很多其他的医生，从而使自己拥有了一家"私人医院"。如此一来，小张和他一家人的健康问题还用得着犯愁吗？

由此足见一位医生朋友简直就是我们维系健康的一大"主脉"，如果我们能像小张一样，将我们认识到的医生发展为朋友，那么我们将会得到不可估量的利益收获。

律师朋友让你远离纠纷

律师这一职业的存在无疑成为这个社会调解纠纷、处理纠纷的重要行业。在现代社会中，一些成名人士与商业人士都纷纷聘请自己的私人律师，以使自己避免各种纠纷并更好地解决已发生的纠纷。在现代社会生活中，律师的地位与作用不言而喻，那么如果我们拥有这样一个"法律与正义的使者"作为自己的朋友，会不会给我们的生活带来无限利益呢？

律师是现代社会接受委托或者被指定为当事人提供法律服务的职业人员，律师具有依法取得的律师执业证书，因而具有较高的专业知识与对各种纠纷、案件的处理能力。在现代社会中，因为生存发展竞争的激烈化和人们价值观、认识观的差异化的日益凸显，各种经济纠纷、情感纠纷、民事纠纷、刑事纠纷等纷争的发生率也在高速递增，因而律师这一职业无疑成为这个社会调解纠纷、处理纠纷的一个重要行业。可以毫不夸张地说，律师已成为现代社会维护法律的正确实施、维护委托人利益和生活的公正与公平、促进民主与法治的使者。另外，在现代社会中，一些成名人士与商业人士都纷纷聘请私人律师，以使自己避免各种纠纷并更好地解决已发生的纠纷。

在现代社会生活中，律师的地位与作用是不言而喻的，那么如果我们拥有这样一个"法律与正义的使者"作为自己的朋友，是不是会给我们带来无限的利益呢？答案是显而易见的。拥有一个律师朋友，无疑会让自己多了一双"天目"，可以在任何情况下帮助我们远离纠纷、化解纠纷。

在调查中，徐先生讲述了一个关于他自己亲身经历的故事。徐先生是一位公司的老总，自己创办公司四五年了，在他含辛茹苦的经营下公司发展已形成了一定的规模，经济效益等各方面都非常好。公司做大了，与外界接触的各种资金流动、债务关系也就随之多了起来，因为资金周转经常会和合作伙伴借钱，但每次徐先生都在资金回收后就立即将借款还掉了。因为徐先生觉得，按期还钱是一个信用问题，只有维护好彼此间的信用才可以维持彼此间的长期合作，实现彼此的利益。可是，一些向他借钱的合作伙伴却不这样认为，有一些人经常借钱不还，使得徐先生的资金周转出现了障碍。这一次，有一个合作伙伴也是他的一个老朋友，在他这里借走了150万元，说是要救急，三个月后会立即还钱。徐先生心想，既然是老朋友，又是合作关系，能帮就帮一下吧。可是谁知五个月过去了，还钱之事依然杳无音信。徐先生催了好几次，甚至下达了"最后通牒"，可是对方依旧是推托。徐先生经过暗中调查后发现，他的这位朋友已经度过了危机，现在手上已有足够的资金还账，他这样做就是存心抵赖。徐先生了解到这一情况之后非常生气，而自己还有一个项目急需用钱。

气急之下，徐先生就想："软的不行，我来硬的，我就不信拿不回这笔欠款。"于是，徐先生找来自己的保镖要他去联系几个"兄弟"，找个时机把这个欠钱不还的家伙给绑了，逼他还钱。谁知一个小时之后，他的保镖回来了，可他带回来的不是他的"兄弟"，而是一个徐先生许久都没有联系的朋友王先生。徐先生看到他，就像是看到了救星一样，因为这个王先生是徐先生在一次酒会上认识的一名律师。原来，保镖出去以后在中华大街恰巧遇到了王律师，王律师认识徐先生的保镖，他见保镖与几个哥们神秘分分的样子，凭自己的职业直觉就觉得这里面一定有什么事。想到徐先生曾经帮自己的哥哥做成了一笔生意，就想如果他遇到了什么事，自己一定要尽力帮助他。于是他就走过去，从保镖那里了解到了事情的来龙去脉，并为此特地来到了徐先生的公司。

王律师说："徐哥啊，这件事您可千万不能这样处理啊！原本是他们没有理，你这样一闹，不仅会让我们这边一点优势占不到，还触犯了法律，您会为此承担法律责任的啊！您没必要为这样一件简单的事情使自己惹上官司啊！"于是王律师从法律角度向徐先生讲述了他应该怎样做，并表态说自己愿意做徐先生的律师。当徐先生和王律师拿着法律文件和相关证据来到这个欠钱不还的人的公司说明厉害后，这个人就乖乖地还了这150万元钱。这件纠纷顺利解决之后，徐先生颇为感慨地说："我当时一时着急，怎么就没有想到你呢？若不是你及时出现，我不但不能如此顺利地要回这150万元钱，而且还很有可能因为一时冲动使自己卷入更大的纠纷之中啊！差一点我就干了傻事了。"

通过这个故事我们可以看到，如果我们身边有一位律师朋友，他就可以在我们遇到纷争之时为我们指点迷津，帮助我们用法律的手段解决问题，从而规避纠纷、化解纠纷，以更为有效的、合法的方式解决问题。

在现实生活中，一些纷争与潜在的纷争随处可见，无论是商人、工人、机关干部还是普通员工，都无可避免地要面对各种与法律有关的事情。例如，当我们买房子、买车子、买保险的时候，如果有一个法律专业人士来帮我们出谋划策，告诉我们该注意什么、该规避防范什么，那么我们是不是会减少很多后顾之忧呢？当我们的家人或孩子在外面和别人打架伤到了他人或者自己受伤了的时候，这时就一定会引发让我们头疼的纠纷问题，如果我们认识一个法律专业人士，我们是不是可以顺利并且有效地解决这些麻烦呢？当我们行车时或乘车时发生了交通意外，势必要涉及索赔等纠纷，如果我们认识一个专业的法律人士，是不是可以顺利地处理问题、省去很多烦扰呢？再比如我们在工作中可能会引发的合同纠纷、劳务纠纷，以及我们在生活中的医疗纠纷、与商家之间的消费纠纷，或者某一天我们因为不小心犯错、办了错事等，如果我们身边有一个律师朋友，那么无疑会帮助我们免去很多的烦恼，解决很多的纠纷。

生活中类似的例子不胜枚举，显然如果我们有一个律师朋友，就等于有了一个帮助我们削减纠纷的"利器"，也等于拥有了我们在处理各种纠纷时的"诸葛孔明"。

商家朋友给你更多优惠

与商家交朋友，我们可以享受更多的优惠，以最低的价格买到自己最喜欢的东西，而且这些东西很有可能是我们的经济实力所无法承受其标准市场价的。是否能使你的商人朋友给你优惠，关键不在于他是不是"奸商"，而在于你是否能真正成为他的朋友。那么，你该如何去选择商家朋友，如何去与传说中"唯利是图"的商人构建情谊呢？

生活中，有人经常说："不要和商家交朋友，他们自私自利，唯利是图，没有人情味。"事实真的是这样吗？如果你也这么想，还自命清高地拒绝与商人往来，那你不但大错特错，而且还使自己失掉了很大一笔财富。为什么这样说呢？因为与商家交朋友，我们可以享受更多的优惠，以最低的价格买到自己最喜欢的东西，而且这些东西很有可能是我们的经济实力所无法承受其标准市场价的。也许你会暗自说："怎么可能呢，对于商人而言一分钱的利益都是好的，他会因为我是他的朋友而给我如此优惠吗？谁不知道这个社会中奸商多啊！"我们不否认这样的想法有着一定的道理，但你是否能使你的商人朋友给你优惠，关键不在于他是不是"奸商"，而在于你是否能真正成为他的朋友。如果你能成为他内心认可的朋友，那么无论你所认识的这个商家对别人怎样斤斤计较，对你都会"慷慨大方"的。

商家会对朋友给予更多的优惠，一是因为彼此间的情谊，那自然是"亲者舍之"，你和他的关系越好，就越能够得到最多的优惠；另一方面，从商家的角度讲，他们也希望以优惠来稳定自己和一些人之间的朋友关系，从而发展更多的新客户，为自己带来更多的利益，这是现代社会的"人情经商"之道。从这两方面分析，结交一些商人朋友，对于自己而言绝对是一件"有利无害"的大好事。这样一来，我们就再也不会为讨价还价而烦扰了，既得到了实惠，又满足了自身的心理需求。

做房地产的王丽在一次卖房促销中结识了市区一家大超市的老板李女士。最开始的时候，王丽只是因为想要尽力卖出一套房子而刻意去和李女士亲近，可是在之后的接触中，两个人都觉得彼此间性情相投，非常谈得来。之后，王丽和李女士便成为了好朋友，她们经常一起去喝茶、逛街、谈论一些商机或者闲聊一些琐事。渐渐地，王丽不再想卖房子多赚钱的事了，她觉得这样做有悖于她们姐妹之间的感情，于是她告诉李女士先不要急于买房，过一段时间这个房产公司的一处非常不错的开发小区会有优惠活动。同时王丽还尽力去和房产老总沟通，说自己的一个姐姐想买一套房子，想让老板尽量多给一些优惠。最后，在王丽的努力下，李女士以最实惠的价格买到了一套非常心仪的房子。同样，每次超市有优惠活动，李女士都会在第一时间通知王丽。王丽结婚时，新房的所有用品都是在李女士的超市购买的，节省了相当可观的一笔开销，并且李女士还通过自己的朋友关系，给王丽介绍了一位专营品牌家电的老总，王丽新房的所有电器都是通过这层关系以最低价购买的。王丽与李女士的交往，彼此间都得到了非常巨大的实惠。

读完这个故事，也许你会认为这就是一种相互利用的实现自身利益的互利关系，有什么好羡慕的呢？俗话说"不为五斗米折腰"，人怎么能够为了区区小利去相互利用、阿谀谄媚呢？如果你的内心真的存在这种想法，那就未免有些偏激了。因为王丽与李女士的交往首先完全是建立在友情的基础上的，她们彼此间虽然得到了互利，但绝对不是"相互利用"，而是"投之以李，报之以桃"。要知道，在现代社会中这种"投之以李，报之以桃"的人际交往是谋求生存发展的一种大智慧，更是为人处世的一种"大艺术"。

除了优惠多多之外，与商家交朋友还有一个很大的好处，就是可以买到放心的、货真价实的好产品，不用担心虚假受骗之类事情的发生。尤其是对一些装修用品、电子产品、各种器材设备等需要对产品的性价比进行严格把关的一系列产品，如果我们可以通过熟人去购买，那么不仅可以实现打折的优惠，还可以对产品的质量完全放心，并且可以获得"终身保修期"，完全免去后顾之忧。

当我们想要买一款笔记本电脑，却不知道哪一款性价比最好的时候，如果我们有一个卖电子产品或专营电脑销售的商人朋友，我们还会为此发愁吗？我们的手机坏掉了，又害怕在一些手机维修店修理会被偷换部件，返回厂家修理又没有时间等待，如果我们认识一个懂得手机维修或从事手机维修的商家朋友，我们还会有这些顾虑吗？当我们在某大超市买了一件羊毛衫，回来洗涤后却发现毛衫质量有问题，从而与商场纠纷不清时，如果我们在这家商场中有一个熟人，还会有如此的麻烦吗？当我们看到某大超市正在搞多买多赠的促销活动，而我们又弄不清楚这种促销对于我们而言究竟是否真的具有实惠时，如果我们有一个知道内情的商家朋友，我们还会有此困惑吗？当我们在某一小摊为讨价还价而与别人争得面红耳赤的时候，如果我们认识一个商家朋友，我们还用得着如此的费力吗？当我们在某一水产公司买海产品，却无法识得这些海鲜是否是最新鲜的货品时，如果我们在水产公司有一个商家朋友，我们还会为此而费神吗？由此可见，在生活中结交商人朋友带给我们的利益，真是数不胜数。

　　一个人必须懂得善于交友的艺术，不要只去想结交某种人会带给自己哪些坏处，而是要多去思考结交某种人会给自己带来哪些益处，这也是一种"取其精华，去其糟粕"的思想体现。为此，我们一定要在自己的思想中剔除对商人的偏见，多用真诚与真心去结交一些商家朋友，他们所带给我们的，将会是非常便利的生活和非常丰厚的实惠。

警察朋友是你生活的"护身符"

　　警察朋友就是我们生活中的护身符，因为警察朋友不但可以在我们自身受到威胁或者受到侵害的时候，帮助我们讨回公道，保护我们的自身权益，而且有时候只要我们以"某某警察"是我的好朋友、是我的铁哥们儿这样的话来彰显自己，那么这个警察朋友的大名就绝对会如一张护身符一样保护好我们。

　　警察是维护社会稳定和谐、保障人民生活安宁祥和的守护神，警察是守护人类和平与社会安定的使者。警察在社会中的神圣光辉形象，令很多人肃然起敬，但是在一片赞美声中，很多人对警察的态度却是"敬而远之"。就像好多女孩子崇拜警察，却不愿意做警察的女友、更不愿意成为警察的妻子一样，社会中存在着相当一部分人群，他们虽然敬仰警察，却不愿意走近警察、不愿意与警察交朋友，这是为什么呢？其中的原因，就在于一些人对警察职业不正确的认知。在他们的思想认识中，普遍认同"警察翻脸不认人，不能给朋友帮忙"的观点。事实真的如此吗？当然不是，警察不但不是"无情"，而且一般都很"重情"，是最可靠的交友人选。另外还可以说，拥有一个警察朋友无异于是拥有了一个"私人保镖"，他会成为你生活中的"护身符"。

　　要与警察交朋友，我们就要正确地认识警察、理解警察，而不能对警察这一严格执法的职业者存在任何偏见。在生活中，警察给人留下的印象总是非常严肃的一面，人们所谓的警察"翻脸不认人"，其实正是他们严格执法、公正无私的表现，是他们正义感与责任感的表现，越是这样的警察，我们就越应该走近他们，与他们成为朋友。因为有这样的警察朋友在身边，当我们在生活或社会交往中陷入纠纷或者自身利益与权益受到侵害的时候，我们的警察朋友不但不会以"无情"的态度袖手旁观，反而会在情意与公正心的双重作用下竭尽全力地帮助我们。

警察朋友就是我们生活中的护身符，因为警察朋友不但可以在我们自身受到威胁或者受到侵害的时候，帮助我们讨回公道，保护我们的自身权益，而且有时候只要我们以"某某警察"是我的好朋友、是我的铁哥们儿这样的话来彰显自己，那么这个警察朋友的大名就绝对会如一张护身符一样保护好我们。这张护身符的作用在于：在特殊情况下亮出来，可以对威胁自己的歹徒制造一种震慑的威力，使得他们"闻风丧胆"，即便不会闻风丧胆，也会产生一种惧怕心理或心理顾虑，因而退避以求自保，这样我们就能成功地凭借着这张"护身符"达到保护自己的目的；另一方面，如果周围的人都知道我们有一个威风凛凛的警察朋友，他们肯定会对我们"恭敬有加"，即便会对我们的财产或工作与生活中的其他方面产生什么歹心，也不敢对我们下手，不敢以任何不正当的手段来胁迫、威胁我们达到某种目的，更不敢暗中给我们的个人发展下绊子，因为他们知道有一个警察朋友的我们是绝对"招惹不起"的。在这种情况下，我们不用任何心机与力气，便可以仅凭警察朋友这张"护身符"来实现长期的自我保护。

王小姐是一名中学的老师，一天晚上因为给学生补课，回家已经很晚了。当王小姐走到临近小区的一个胡同时，发现胡同的路灯坏掉了，她在漆黑寂静的胡同里一个人骑着自行车，不免感到有些害怕。她一边骑车一边想，如果遇到歹徒可怎么办啊？谁知道，人有时候还真是怕什么就来什么。正当王小姐走到胡同中间的时候，两个年轻的小混混便拦住了她的去路，拿着一把匕首威胁王小姐将手机、钱包、银行卡密码统统交出来，否则就会不客气。王小姐着实吓了一大跳，不过她还是立即镇定了下来。她看了看眼前的两个小伙子，发现他们不过是十七八岁的小混混，肯定是因为缺乏家庭教养或者家庭关爱而不学好的学生。想到这里，王小姐心里的恐惧多少减轻了些，不过也不敢掉以轻心，因为这样的小混混惹急了什么事都做得出来。王小姐想：得赶快想个办法摆脱他们，他们这样的孩子应该很容易被震慑。这时她一下想起了自己的一个高中校友，他不正是临区派出所的警察吗？何不用他来吓唬一下这两个小混混呢？想到这里，王小姐说："你们先不要动，我的一个朋友张晓伟就在这附近的一个警察局上班，我现在手指摁住的就是他的电话的快捷键，今天是他值班，你们两个如果抢了我的钱，我敢说你们跑不出 10 米远。"那两个小混混听了她说的话，虽然有点半信半疑，但真的没有立即动手，而是说："你少拿什么认识警察这套来吓唬我们，快点把电话放下，不然老子让你脸上挂花！"说完就一把将王小姐手中的电话抢了下来，还大声吼着："我看你还拿什么给你那哥们儿报警！"可就在这时，手拿电话的这人一看电话屏幕，发现电话真的接通了，而且真的就是王小姐说的那个人的名字，他将电话放在耳边，听到里面一个男人在讲话："我这就赶过去，你别急，你的位置我们已经搜索到了！"这两个小混混发现王小姐所言非虚，而且警察真的就要来了，吓得扔下电话撒腿就跑。

这时王小姐吓得瘫坐在路边，接过电话说："谢谢，没事了，那两个小混混被你吓得逃掉了。幸好我听了你的话，将你的电话设成了快捷键，不然我真不知道该怎么对付这两个小混混。"这时王小姐的朋友在电话里说："我一接通你的电话，却没听到你讲话，就觉得是有事发生。随后我便听到有人在那大喊要你放下电话，我就知道你肯定是遇到抢劫了，我凭经验判断威胁你的人肯定会抢下你的电话，于是就在电话里撒了一个谎，说我在单位根据通话信号搜索到你的位置了，马上就赶过去。他们一听就吓跑了。"王小姐长舒一口气，说："幸好我认识你啊，不然这次可真的惨了。我现在没事了，这就回家去，过了这胡同就看见小区了，不会有事了，晓伟你放心吧。"

王小姐有惊无险，多亏了有一个警察朋友在危急时刻大显"护身符"的功效。在生活中类似的情况有很多，如果我们有一个警察朋友做我们的"私人保镖"和"护身神符"，那么保管不会有人敢轻易地欺负我们。另外，有个警察朋友对我们还有一个好处，就是他可以经常为我们讲述一些自卫知识和安全常识，会教会我们很多临危应变的技巧和应对策略。试想，如果不是王小姐的警察朋友告诉她将他的电话号码设置成快捷键，王小姐会在第一时间拨通这位警察的电话吗？

可见，交一个警察朋友，那真是好处多多，而更为关键的是，这些好处都是与我们切身的安全利益相关的。

教师朋友为你省下"补习费"

很多家长都背地里抱怨，说让孩子参加补习班既多花一笔费用，又耽误了孩子的其他艺术学习。可是抱怨之后，也只能是无奈地摇摇头。那么，到底有没有办法解决家长的这种"困境"呢？你想一想，如果你和老师成为朋友，这种让你头疼的问题是不是很容易地就解决了呢？和教师成为朋友，这是让你既可以省去很多补习费，又可以让自己的孩子学到更多知识的绝佳办法。

在现代社会，学校教师似乎都形成了一种"潜规则"，课堂教育加课后补习，而且课后补习所带给教师的收入远超过教师的基本工资。孩子参加补习班原本是好事，现代家长为了让孩子学到更多的知识，培养孩子的综合素质与能力，花多少钱都不会在乎，更不会心疼。而让家长头疼的一个关键问题是，这种课后补习办学已经完全成了教师上课的课后补充，很多老师在课堂上只讲表面知识，而将更深层次的、需要学生掌握的知识留下来给上补习班的学生"开小灶"。当然，这种"小灶"也有真正的利益，获益者就是办课后补习班的老师们，他们以这样一种堂而皇之的补习方式增加了相当可观的一部分额外收入。而对于家长而言，却要多花一笔本该可以免去的补习费。

那么，这种补习班不参加不可以吗？当然不可以啊。首先，你不让孩子参加补习班，你的孩子就学不到这一部分应该深层次掌握的知识，这样一来，你的孩子学习成绩肯定会成为问题，关键是会影响到孩子以后的学习发展。另外，即便你认为你或者你的家人本身有能力给自己的孩子补课，不需要多花钱去参加学校老师的补习班，但是人家老师办的补习班唯独你家孩子不去参加，这不是有点"自讨没趣"吗？家长本来为了孩子的个人发展平日里都是千方百计地讨好老师，这种"顶撞"方式显然是会得罪老师的，人家老师办的补习班你家孩子怎么能够不去参加呢？这样一看，无论什么情况，你都得硬着头皮让自己的孩子去参加补习了。

很多家长都背地里抱怨，说参加这种补习班既多花一笔费用，又耽误了孩子的其他艺术知识的学习。可是抱怨之后，也只能是无奈地摇摇头。那么，到底有没有办法解决家长的这种"困境"呢？你想一想，如果你和老师成为朋友，这种让你头疼的问题是不是很轻易地就解决了呢？和教师成为朋友，这是让你既可以省去很多补习费，又可以让自己的孩子学到更多知识的绝佳方法。

张建在一次出差旅行时，遇到一个非常谈得来的邻座，于是他们两个人在旅途中整整聊了一夜。在聊天过程中，张建了解到这位邻座姓林，和他同住在一个城市，是当地一所实验中学的老师。在聊天过程中，张建还半开玩笑地说："林老师，认识您真好。等明年我儿子升中学的时候，我一定想办法将他分到你们学校去，这样有您这位林老师关照着，我和老婆可就放心多啦！"林老师听后，也笑着说："张老板，您放心，要是您的儿子分到我们学校来，就算我不能做他的班主任，我也可以通过关系，让其他老师多关照您儿子的。"就这样，他们两个人以一种半开玩笑的方式，将这件给儿子入学的事先"备案"了。出差回来后，张建一直没有忘记这位林老师，他经常给林老师打电话或者约他出来聊聊天、吃吃饭。因为林老师是刚毕业两年的大学生，在这个城市里没有自己的家，是居住在学校租的宿舍里的。因此，每逢节假日或者自己有空闲的周末，张建便和妻子邀请林老师到自己家里来吃饭，还热情地对林老师说："小林，你一个人在这个大城市里工作、生活不容易，你尽管把我们家当成自己的家，不要见外。有什么事需要帮忙就给我们打电话，我们一定会尽力而为的。"久而久之，张建一家与林老师相处得特别融洽，在林老师心里，张建亲切得就像自己的大哥一样。

第二年，张建的儿子要升初中的时候，张建特意托关系将儿子分在了林老师教学的那所实验中学，并分到了林老师的一个关系非常密切的同事的班级，林老师又恰巧是这个班级的英语老师。当然这种恰巧是林老师在学校里给安排的，是林老师通过与校长的协调将张建的儿子分到了自己最亲密的同事的班级，并一再嘱咐他的这位同事一定要特别关照张建的儿子。这样一来，张建的儿子不仅在学校里得到很多特别的关照，而且一切补习班的费用也全部因为林老师的关系而被免除了。英语补习班，林老师自然不会收张建家的钱；其他补习班，林老师都和任课老师打好了招呼，说这个学生是自己的一个大哥的孩子，拜托大家给多多照顾一下。于是，张建的儿子不仅在学习方面得到了老师们的集体特殊关照，而且还免费参加了这些老师的补习班。张建使儿子学到了更多的知识，还节省了一大笔补习费，这一切都要得益于好朋友林老师的鼎力相助。而林老师为什么会这样竭尽全力地帮助张建呢？这全在于张建一家将林老师像家人一样地对待，全是真心换真心的结果。

张建以自己的真诚与林老师交往，最终不仅使自己收获了很大的利益，而且还收获了一份兄弟情谊。

如果我们也善于借鉴张建的交友方式，用心与孩子的老师沟通、与孩子的老师做朋友，而不是表面上热情、背地里抱怨地去对待孩子的老师，那么我们也会和张建一样，既收获了利益，又收获了情谊。

赢得多少朋友，决定了你的发展空间

哲人说："朋友是人生无处不在的财富，聚集朋友就是聚集无形的金钱、积累巨大的财富。"朋友就是我们生存发展的路基，是照耀我们成就人生梦想的太阳，我们在生活中拥有多少朋友，直接决定了我们自身的发展空间有多大。那么，朋友的作用究竟都体现在何处呢？

说起朋友，我们都会心生无限感慨，可以说在生活中我们无处不需要朋友的帮助，这个世界上有谁可以孤家寡人地完成自己的事业？又有谁可以与世隔绝地发展人生？显然，这个答案是否定的。生活中任何一个人都无法离开人际关系而生存发展，而人际关系的中心脉络就是朋友。如果说一个人的人生理想是一粒种子，那么社会、人际便是播种这粒种子的土壤。虽然播种者是我们自身，灌溉者也是我们自身，但朋友就如同水分、阳光、肥料，他们是保障这颗种子顺利发芽、破土、成长、开花、结果的必要外界因素。没有朋友，我们自身的奋斗就如同一粒在土壤中失去水分、阳光、肥料的种子，无论我们用多大力气、费多少精神，它都会在不具备成长所需的外界条件的土壤中夭折，永无可见天日之时。

哲人说："朋友是人生无处不在的财富，聚集朋友就是聚集无形的金钱、积累巨大的财富；朋友是我们发展事业的动力，当我们的人生路途遇到坎坷波折的时候，他将是我们突破困境的主力；朋友是我们精神上的寄托，当我们心绪凌乱感觉无奈的时候，他给予我们心灵上的抚慰；朋友是生活中最亲近的人，当我们身为他乡之客、饱尝思乡之苦时，只有朋友最亲；朋友更是我们生活突兀的时候，为我们拨开迷雾指点迷津的人。"简而言之，朋友就是我们生存发展的路基，是照耀我们成就人生梦想的太阳，我们在生活中拥有多少朋友，直接决定了我们自身发展空间的大小。

古代育人哲理故事中有这样一个小故事：村庄的一个财主在一次偶然的机会中结识了一个海外商人，这个财主和商人一见投缘，于是他们便结拜为了兄弟，此后他们经常一起合作经商。一段时间之后，海外商人凭借自己的海外关系为财主联系到了一大单生意，对方要与财主建立长期合作关系。但合作有一个要求，就是财主要在家乡建筑一个大面积的生产厂房和货物存放仓库，这是保障货物生产和存放所必须的。财主想都没想就一口答应说，三个月内将厂房和仓库建好。当时海外商人和其他所有人都为他捏了一把汗：这样一个巨大的工程怎么可能在三个月内完成呢？大家都以为财主是因为合作心切，不免抱怨他"打肿脸充胖子"，可是财主只是笑而不语。三个月后，令大家都意想不到的事情发生了，财主不仅在最快的时间内批到了土地，还如期建完了厂房和仓库！而后，财主顺利地实现了这项长期合作，逐渐发展成为远近闻名的大商人，创造了当时那个年代的"首富"纪录。

当大家都觉得这是一个奇迹，并不断询问财主是如何创造出这个奇迹的时候，财主回答说："创造这个奇迹的人不是我，而是我和我的朋友，并且客观地讲，是我的朋友们联合创造了这个奇迹。"看到大家迷惑不解的样子，财主接着说，"首先，我通过我这位海外朋友的关系，获得了这项长期合作的宝贵机会；而后，当建厂房和仓库需要大面积土地的时候，我的朋友李村长通过他的关系打点了县太爷，使我以最快的速度批下了这一大片土地；之后，我的石匠朋友带领他的同行们以最快的速度为我开采了足够的建房用的石头；再后来，我的瓦匠朋友带领他的同行以最快的速度为我砌筑了地基与墙壁；与此同时，我的木匠朋友带领他的同行们以最快的速度为我打造好了一切所需的橱柜与门窗等装饰，并以最快的速度为我装潢好了厂房与仓库。在这期间，我的很多朋友都前来相助、出力，包括你们在内，那三个月不是也一直在为我出力吗？这正是应了'众人拾柴火焰高'的道理啊，是你们和我的其他朋友们一起联合创造了今天的奇迹啊！归根结底，我应该感谢你们大家呢。"

在这个故事中，财主通过商人朋友获得了可谓天赐良机的发展机遇，通过村长朋友顺利并且迅速地批下了建房所需的大面积土地，通过各种工匠朋友和身边朋友的帮助，如期修建好了厂房和仓库。可以想象，在财主今后的生意发展中，一样会通过各种朋友渠道获得更多的销路与合作关系。在这个故事中，财主之所以能够成为当时那个时代的"首富"，这一奇迹的创造完全如他自己所言，是他与各行各业的众多朋友们一起联合创造的。试想，如果财主没有这一群各个层面的朋友，他会如此顺利地成就人生的辉煌吗？如果他在交友中攀高弃低，只顾着与村长和商人级别的"大人物"打交道，而鄙视与村民和各种工匠交往，那么在他最需要这些人帮助的时候，他的目标还会如此顺利地实现吗？显然不会。这些各个层面的朋友缺一不可，正是大家的通力协作才保障了财主的理想和目标的实现。

这个故事告诉我们一个道理：一个人在自己的人生发展中，要以真诚之心尽可能地结交社会中各个层面的朋友，并且在交友过程中切忌攀高弃低。唯有以真心换真心，才能结交到可以相互扶助的真心朋友；唯有不择地位、层次地去与各个层面的人相交，才能获得多方面、多角度、多层次的帮助。唯有如此，我们在人生发展目标的实现过程中才会创造出一种如鱼得水的发展态势。

要知道，我们的人生发展就如同财主建造仓库与厂房一样，如果说我们的人生发展就是在打造一座建筑，那么，为了保障这座建筑顺利完成，必然需要各个类型的工匠，而这些不同类型的工匠实际上就是我们结交到的各个层面的朋友。没有他们，我们的梦想大厦不可能完成；缺少某一种工匠，我们的梦想大厦不会获得建筑的完美。所以说，我们赢得多少朋友决定了我们的人生梦想是否能够实现以及这一梦想的实现程度，也就是我们个人的自我发展空间。

你的家人是你取之不尽、用之不竭的"资源库"

家人是这个社会中唯一与我们有着血缘之亲的一种关系人群，家人是我们在人生发展当中最为重要的精神支撑与能源供给的最有力支持。无论在什么情况下，家人都是我们最为永恒的依靠，同时也是我们取之不尽、用之不竭的"资源库"。一个想要在人生之中有所建树、有所发展的人，首先必须要懂得去发动家人这一核心组织的力量。

家人无疑是我们人生之中最为亲近的人。这个世界上任何人都有抛弃我们、背叛我们的可能，但家人之间发生这种情况的概率是少之又少。因为家人是这个社会中唯一与我们有着血缘之亲的一种关系人群，这样一种血缘关系使家人之间血脉相通，是可以使家人之间甘愿彼此付出、为彼此牺牲自我的重要因素，而其他社会关系则完全不具备这一"血缘"特征。可以说，家人是我们人生发展当中最为重要的精神支撑与能源供给的最有力支持。无论在什么情况下，家人都是我们最为永恒的依靠，同时也是我们取之不尽、用之不竭的"资源库"。

想一想，当我们在生活中陷入迷茫与痛苦的时候，家人就会成为我们生活的希望与心灵的安慰；当我们内心的苦闷与烦恼无处倾诉时，我们可以毫无顾忌地将它们发泄给家人。唯有在家人面前，我们可以毫不掩饰地宣泄自己；唯有与家人交流，我们才可以心无顾忌；唯有家人对我们的索求，我们才愿意"有求必应"并竭尽全力；唯有向家人求助，我们才能够心无芥蒂，并且唯有家人会对我们毫无保留地付出。尤其是当我们遭遇人生的重大挫折、遭遇人生突变时，无论我们是贫穷还是富有、健康还是疾病，唯有家人可以将这些全部抛开，用一颗心与一份血浓于水的爱来容纳我们、爱抚我们，给予我们重生的力量与支持。当我们犯下不可饶恕的错误或给对方造成伤害，唯有家人可以毫无怨言、毫不记恨地宽恕、包容我们，同时用爱来帮助我们走向正途。无论在什么情况下，这个世界上家人是唯一对我们不离不弃、倾尽全力的社会关系人群。

我们一定都听说过尼克松的"水门事件"吧？1974年，美国总统尼克松因为"水门事件"不得已辞去总统职务，离开了白宫，而之后支持尼克松走出这一政治生涯阴影的，就是他的家人。当时，尼克松在经历了如此重大的打击之后，内心承受了常人难以承受的痛苦与煎熬，在那样的处境下，他简直都无法支撑下去。很多政治界的朋友都离他远去，只有他的妻子与女儿一直陪伴在他身边，给他鼓励、给他希望、给他信心。在一篇记录尼克松生平事迹的文章中，尼克松回忆说："在那个晚上，我在电视中做完了简单的讲话。在讲话结束的那一刻，我知道我一生的光辉都随之结束了。就在我心灰意冷到极点的时候，我的女儿朱丽叶·尼克松走过来，无言地拥抱了我，她用她的拥抱向我表达了爱，并向我暗示：这个世界没有抛弃我，我还有她和她的母亲。在之后的岁月中，我一度陷入一蹶不振的痛苦中，甚至经常毫无缘由地大发脾气，而我的妻子一个人默默地承担了一切，一如既往地对我容忍、关爱、呵护，并奔走于社会各界，为我澄清事实。为了我，她一个人默默承受了很多委屈，包括我的政敌的鄙视与攻击，但她始终没有放弃。那个时候，我没有能力给我的家人任何东西，甚至我给予她们的情感都是支离破碎的，而她们不求回报地为我付出，为我吃尽辛苦、尝尽辛酸，最终使我走出了人生的低谷，让我重新认识了我的生活，品尝了苦涩之后那美好的甘甜。"

对家庭的需要与家人的依赖尼克松都尚且如此，更何况是我们呢？然而，在生活中有相当一部分人忽视了家庭的力量，甚至忽视了家人对自己的关注和自己对家人的关心，仔细想一想，这种忽视是多么的愚蠢和悲哀啊！要知道，家庭是这个社会关系网络中最基本、最核心的组成细胞，它是我们人生发展的基础，是源源不断地给予我们拼搏能量的"资源库"。古语云，"成家立业，成家者，而后方可为业"，这句话警示给后人的道理就是，人不可以忽视家庭的力量，要先维系好家庭这一社会关系的核心细胞，而后再充分发掘这一核心细胞的潜在能量。在充分依靠家庭和不断获取家庭供给的条件下，才可开创自己伟大的事业。

一个想要在人生之中有所建树、有所发展的人，首先必须懂得去发动家人这一核心组织的力量，去发掘家人的能源站，将家人作为自我发展的强力后盾与建筑人生堡垒的根基。

当然，家人虽然给予我们无私的爱与接纳，给予我们无尽的协助与支持，是我们取之不尽、用之不竭的"资源库"，但我们对家人的"能源"要"取之有道"，不能够一味自私地索取而无任何付出，更不能够认为家人对我们所付出的一切都是理所应当、分内之责。我们要懂得以爱去回报家人，更要懂得以感恩之心去为家人创造幸福。

总之，家人是我们生命中最为宝贵的"能源站"，也是我们生命中最为珍贵的社会关系。我们在想到如何最大化地去发掘这座"能源站"的同时，更要懂得珍惜，尤其在重要时刻，当我们的家人需要帮助时，我们必须以同样无私的奉献精神去给予他们关爱、支持和帮助。

上 篇

社交博感情——助你社交如鱼得水 ————————————

Chapter 2　社交中博取感情的黄金法则

在社会人际交往中，赢得社交人际情感、搭建属于自己的人脉金字塔，这对于保障我们的自我人生发展是相当重要的。那么，在纷繁复杂的社会关系网络中，我们要如何赢得人际情感，如何构建自己的人脉，势必会成为我们人生发展中一个极为重大的课题，而要攻克这一人生课题是否有什么绝妙之术呢？正所谓"堡垒虽牢，必有攻之道"，要想在人际交往中与他人建立起亲密的关系，自然有着其绝对高妙的黄金攻略法则，这一章我们所要讲述的就是在社交中博取情感招招制胜的"黄金法则"。在这些"黄金法则"中，我们将教会你与人相处、赢得人心与他人情感支持的超凡技艺，让你成为社交场中"攻无不克"的"大交际家"。那么，这些超凡的技艺究竟都是哪些高招呢？下面我们一起来慢慢揭晓。

增加亲密，攻"心"为上

春秋战国时期，齐王曾经说："凡伐国之道，攻心为上，攻城为下；心胜为上，兵胜为下。是故，圣人之伐国公敌也，务在先服其心。"这句话的核心思想就是在阐述"攻心术"，将这一"攻心术"思想运用到现代社会的社交与竞争中，就是我们所说的"攻心为上"的社交攻略黄金法则。那么，这一黄金法则究竟有着怎样的超凡能量呢？

我们都知道，在社会人际交往中，赢得社交人际情感、建筑自己的金字塔人脉对于保障自我的人生发展而言是何等的重要。那么，在纷繁复杂的社会关系网络中，我们要如何赢得人际情感，如何构建自己的人脉，势必会成为我们人生发展中一个极为重要的课题，而要攻克这一人生课题是否有什么绝妙之术呢？正所谓"堡垒虽强，必有攻之道"，要想在人际交往中与他人建立起亲密的关系，自然有着绝对高妙的黄金攻略法则，这一法则便是增加亲密，攻"心"为上。

世界第一关系大师哈维·麦凯被誉为国际演讲协会全球五大演说家之一，并且是美国商业界最抢手的商业代言人，曾被《财富》杂志称为"万能先生"，他将自己一生的社交经验写成一本闻名于世的人际关系交往攻略的书籍，这本书的名字就叫做《攻心为上》。这本书一度连续22周蝉联美国《纽约时报》畅销书排行榜第一名。哈维·麦凯在这本书中所阐述的主要思想就是，在社会人际交往中，攻心为上是迅速赢得社交情感、博取亲密关系的首要黄金法则。所谓攻心为上，其核心思想就是"从思想上、心智上了解、掌控对方"，以摸清对方的底牌（包括现实生活、工作境遇等状况、内心活动、思想、性格、心理特征与好恶等多方面个人信息），在此基础上"对症下药""投其所好""抓其软肋"，去形成与对方之间的"无间隙"交往，这样就会以一种极为隐性的掌控方式完成你对对方的期待与要求。

春秋战国时期，齐王曾经说："凡伐国之道，攻心为上，攻城为下；心胜为上，兵胜为下。是故，圣人之伐国攻敌也，务在先服其心。"这句话的核心思想就是在阐述"攻心术"，在古代建国大业、守国大业、攻敌大战中，如果一国之君、一军之帅懂得并善于运用"攻心术"，那么就可以不费一兵一卒实现自己对这些国家的意愿。将这一"攻心术"思想运用到现代社会的社交与竞争中，就是我们所说的"攻心为上"的社交攻略黄金法则，而这一法则的中心理念便是"收买人心，攻占人心，诚服人心"。三国中刘备的故事我们耳熟能详，刘备为何能够深得民心，并有"卧龙"

"凤雏"、结义兄弟的生死相助？这完全在于刘备善用"攻心术"。正如"刘备摔孩子收买人心"之类的古语所说，其表现的都是刘备善于揣测人心、善于掌控利用人心之道。《孙子兵法》中说，"三军可夺气，将军可夺心"，着重阐述的就是人心向背的重要意义。正所谓"得人心者王"，那么在竞争激烈的现代社会中，我们要谋求个人的人生发展，成为在社会中拥有一席之地的"不败之王"，就必须掌握赢得感情支持与拥护的"攻心之术"。

增加亲密，"攻心为上"，首先要求我们在与人交往中形成一种与对方之间的默契感，以此引发彼此间的共鸣，形成一种心理上的亲近感。这就要求我们在与人交往中，善于观察、捕捉他人的内心世界与喜好、性格等，尽量"投其所好"，与之形成一种共同的目标或共同的爱好，以此来形成彼此间的凝聚力与情感向心力。

《人际关系全攻略》一书中讲述过这样一个案例：曾经有一个由10人组成的强盗集团，在一天晚上成功地抢劫了一家银行。案发后，办案人员惊奇地发现，这10个人之中只有3个人是彼此熟悉的老伙伴，而其他七个人却是在作案之前临时发展的新成员。警方非常奇怪，他们是怎么在这样短的时间内形成了彼此间的信任，可以在一起毫无戒心地合作，完成了一项如此重大的抢劫案呢？原来，这三个主谋因为在作案前发现只有他们3个人，人手不够，于是就准备再去寻找一些其他的合作伙伴。就在当晚吃饭的时候，他们在餐厅里分别遇到了这七个人，在谈话中了解到他们这七个人都有一个共同愿望——"希望获得更多的金钱"，因为他们目前的生活非常缺钱。于是，这一共同愿望在瞬间形成了他们彼此间合作与信任的基础。当即商议好作案计划后，他们通力配合，顺利完成了抢劫行动。

这个故事告诉我们，一个人要想与另外一些人建立亲密的关系、消除心理防线，就必须寻找彼此间的"心灵契合点"，即相同的爱好、希望、思想或认知。这一契合点需要我们用心去发现，更需要我们在了解对方内心的基础上努力进行自我培养，使自己具有更多可以与对方契合的基础。

增加亲密，攻心为上，同时要求我们要懂得与人交往的艺术，在巧妙运用交往方式的基础上去构建与他人之间的"无间隙"感，获得对方对自己的信任与好感。

攻心艺术之一：与不熟悉的人交谈时坐在交谈者的旁边，尤其是在与人初次见面时，坐在交谈者旁边可以避免因对面而坐彼此对视而产生的紧张感，在这样的情况下，并肩而坐会使谈话氛围特别轻松，更容易进入理想的状态。

攻心艺术之二：在与稍微熟悉一些的人交谈时，尽量多制造一些彼此间身体接触的机会，这样可以有效缩短彼此间的心理距离。

有一个行为学家说，有一次他去商场购买衬衫时，售货员立即手拿皮尺，帮他丈量颈围。当他与售货员之间"接触"的时候，立即产生一种"家人般"的亲切感，从而促使他在一种愉悦的氛围中立即决定买下一件衬衫。这位行为学家对身体接触行为这样分析道："每一个人都拥有一个无形的'自我保护圈'，这个'圈'只允许自己特别亲密的人进入。一旦其他人侵入了这个圈，便会使自己对对方产生一种'亲密者'的错觉，从而消除了仅存在于语言沟通交流之下的心理障碍。"

攻心艺术之三：面带微笑与人讲话比生硬的面孔更能拉近心与心之间的距离；得体的赞美可以使人心情愉悦，从而形成接受对方的心理；适度地指出对方服饰或某些处事中的缺点，并在对方需要的时候积极地给对方提出中肯的意见与建议，会让对方感受到你的真诚，从而消除内心对你的防范。

攻心艺术之四：用心记住对方所说过的一些小事，会让对方觉得你在关心他，是他可以依靠、可以为之付出的朋友；将自己关系密切的人的名字写在通讯录首页，会使对方产生一种强烈的感动心理，因为这是"最重要"的暗示；说话时，多亲切地叫几次对方的名字，这会在潜意识之中增进彼此的亲近感。

将诚信视为人的第二生命

毫不夸张地说，"诚信，是一个人的第二生命"，唯有凡事立足于诚信的人，才有可能为自己赢得坚实的人脉关系与足够的发展空间。一个在现代社会中谋求生存、发展的人，必须将诚信视为自己做人的"第二生命"。那么，诚信的重要作用究竟体现在哪些方面呢？

社会行为学家给诚信的一个阐释定义："诚信，是社会公民的第二个'身份证'。"这简单的一句话非常容易理解，而其中的深刻内涵却渗透到了社会公德与个人品德的骨髓。诚信无疑是一个人在社会人际交往与谋求自身发展过程中所必须具备的美好品德，更是一个人博得人际情感、赢得人生发展成功的根本保障。可以毫不夸张地说："诚信，是一个人的第二生命。"唯有凡事立足于诚信的人，才有可能为自己赢得坚实的人脉关系与充足的发展空间。

一个在现代社会中谋求生存、发展的人，必须将诚信视为自己做人的"第二生命"，因为诚信在这个社会中有着举足轻重的地位与作用。

诚信是一个道德范畴，是我们中华民族上下五千年的传统美德，一个在现代社会中谋求生存发展的人首先就必须继承这一传统美德；诚信是一种人品特征，是一个品格优良的人所必须具备的优秀品质，一个重诚信之人才会在社会中赢得他人的尊敬与信赖；诚信是一个人的做人之本，正所谓"人而无信，不知其可也"，一个不讲信用的人绝对不具有在这个社会上立足发展的根基，会失信于他人；诚信是齐家之道，古人说"夫妇有恩矣，不诚则离"，在家庭生活中，唯有亲人之间坦诚相待，才能"家和万事兴"，否则家庭成员之间便会相互猜忌，导致家庭的分崩离析；诚信是结交朋友的基石，自古云，"与朋友交，言而有信"，唯有在与人交往时推心置腹，才可赢得朋友的信赖与真情谊，否则彼此间尔虞我诈、相互欺瞒，终究不会建立起可以相互扶持与帮助的友情根基；诚信更是一个人美好品质与纯净灵魂的体现，古人云，"反身而诚，乐莫大焉"，唯有做人做到真诚无欺，才可使自己的内心安宁、坦然，也才可使他人看到你的人格魅力，愿意与你亲近、与你交往。

总之，诚信是人性中最为闪光的人格光芒，它可以使一个人形成一种独特的吸引他人的魅力与光辉；诚信是为人行事的最基本原则，它可以使人与人之间形成一种极大的信任关系、依赖关系、亲密关系、协助关系与合作关系。我们想要在社会中赢得情感，就必须将诚信视为生命的重中之重。有这样两则关于以诚信为重的历史小故事：

故事一：《曾参杀猪取信》

在春秋战国时期，孔子有个得意门生叫做曾参。曾参是一个视诚信为生命的人，因而深得孔子的赞赏。有一天，曾参的妻子需要到当地的集市上去买一些家里用的东西，他的儿子因为年幼便非要吵着和母亲一起去，因为领着孩子去购物非常不方便，曾参的妻子便不答应，可是儿子一再纠缠，使得曾参的妻子无法出门。于是情急之下，曾参的妻子便对儿子说："你在家里好好玩，乖乖听话，你爹回来就会杀猪，给你猪肉吃。"儿子听了，果真不闹了。等曾参的妻子回到家中一看，家里的大肥猪变成了一锅猪肉，便急忙问曾参："你为何把猪给杀了？"曾参回答说："你在孩子面前许下承诺，说会让我杀猪给他猪肉吃，我们怎么可以哄骗小孩子呢？一只猪事小，孩子的教育事大，我们不能让他长大以后成为言而无信之人，这样的投机取巧、哄骗他人之人，怎么能够在社会中生存发展呢？我们今天在孩子面前食言，又有何资格去做教育孩子的长辈呢？"

这个故事告诉我们，一个人在社会交往中，无论在什么情况下都要言出必行，要么我们就不轻易许诺，以免自己食言，而既然我们说出来了，就必须要做到"一言既出，驷马难追"。重承诺、守信用之人，才可以在人际交往中表率为先，赢得他人的欣赏与敬重。

故事二：《司马光诚对买马人》

宋朝著名文学家、史学家司马光，无论是在朝廷还是在民间，都深受他人敬仰，这其中一个重要的原因就在于司马光是一个重诚信，将诚信视为自己人格象征的人。有一次，司马光家有一匹马生病了，他又不想在自己家宰杀这匹马，便想要将这匹马卖出去。当时，司马光因为正专注于著作一本书，所以就将卖马之事吩咐给家里人去做了。结果，第二天马就顺利地卖出去了，家人还十分高兴地向司马光汇报说："大人，马已经卖出去了，而且还卖了五十钱呢！"司马光听后并没有表示出任何高兴的样子，而是立即问道："你没有对买马人交代清楚马是有病的？都怪我，怎么忘了交代你一定要对人讲清楚呢？明天你再跑一趟，去对那个买马人说这匹马生病了，有肺病，然后退还十五钱给人家。"家人听后，非常不解地说："卖东西哪有全部讲实话的呀？要是这样，我们的马还能卖出一个好价钱吗？"谁知司马光却耐心地回答说："这话不可以这样讲，我们怎么能够让别人用买一匹好马的钱买一匹病马回去呢？这不是在骗人吗？做人要讲究诚信啊，不能为了一己私利而去蒙骗他人！"第二天，他吩咐家人去到买马人的家里，对人家言明了情况，还退回给了人家十五钱。

这个故事告诉我们，诚信为做人之根本，与人交往万不可因为一己私利而丢弃诚信。当诚信与自身利益发生冲突时，我们必须以诚信为先，以牺牲眼前的利益来维护自己的人格。唯有如此才能使我们的人脉金字塔永远固若金汤，才能稳固自己立足于社会的发展根基。

将诚信视为我们的"第二生命"，就要在为人处世当中处处以诚信为先，事事做到言出必行，切忌欺诈、蒙骗，更不可为了暂时的利益而损害我们自身的诚信和口碑。

真心才能换来众人实意帮

在社会的人际交往中，即便存在冷漠，冷漠也是可以被暖化的；即便存在私心，私心也是可以被平衡的。而暖化冷漠、平衡私心的唯一捷径就在于"真心"，要知道，人与人之间的交往其本质就是一种情感互动的过程，什么才能够在彼此的交往中顺畅流淌呢？这就是"真心实意"。

著名作家巴金在自传《再思录》中说："要打动别人的心，我先掏出自己的心。"巴金的这句话诠释的一个为人处世的哲理便是，在人际交往中，无论是对待家人、恋人、朋友、同事、合作伙伴甚至是陌生人，我们都要以真心交付于人；唯有先付出真心者，才可收获真情谊，才可在自己需要的时候得到众多人的真心相助和全力支持。

在现代社会，由于生活的快节奏，竞争的压力日益增大。在这样一种充满竞争与压力的社会环境中生存发展，一些人不免会出现一种愤懑的情绪，抱怨这个社会充斥着太多的自私自利，缺少真情与温情，随即一种对社会的"诚意缺失"的谴责声便响起。可是，反过来想一想，你在抱怨他人的冷漠、自私、诚意缺失时，有没有反思过自己的行为呢？如果你在他人遇到需要帮助的情况时以旁观者的姿态将之高高挂起，那么你又怎么能够去要求他人为你付出、满足你的一切需求呢？要知道，"子投人以桃，人报子以李"，没有这样一个真心相对的映衬，反而去要求他人为自己付出，这样的人际交往又是谁在忽视真诚、表现自私呢？其实，在社会的人际交往中，即便存在冷漠，冷漠也是可以被暖化的；即便存在私心，私心也是可以被平衡的。而暖化冷漠、平衡私心的唯一捷径便在于"真心"，要知道，人与人之间的交往其本质就是一种情感互动的过程，什么才能够在彼此的交往中顺畅流淌呢，这就是"真心实意"。

在人与人之间的交往中，你给予他人以柴，他人才会给予你以火；你给予他人以火，他人才会给予你以光；你给予他人以光，他人才会给予你以热。唯有在与人交往中以真心实意去对待他人、帮助他人的人，才可换来众人的实意相助。

著名作家三毛在她的文章《哭泣的骆驼》中讲述过这样一个故事：那个时候，三毛正和荷西居住在沙漠之洲，有一次她受人邀请，到当地镇上的一个大财主家里去吃饭。在这次吃饭的时候，三毛结识了一个黑人奴隶，他是一个只有八九岁大小的黑人小孩，当时正在财主家里负责给宾客们烤肉。这个小黑人奴隶长得很漂亮，一双水汪汪的大眼睛，而且他看起来非常腼腆、温顺，一直默默地跪在旁边为大家添酒水、串肉串、扇火，当时三毛看到这个孩子就在心里产生一种莫名的怜惜之情。吃过晚饭之后，三毛轻轻地走过去，仔细询问了这个孩子为何小小年纪要到别人家里来做奴隶。询问之后三毛得知，这个孩子的家庭状况非常糟糕，母亲重病、父亲靠给人做奴隶赚钱养家。在得知了这样的情况之后，三毛爱怜地安慰了这个小黑奴一番，而且还从皮包里取出两百元钱塞给了小黑奴。小黑奴感动得热泪盈眶，颤抖着声音说："谢谢您，阿姨！"谁知，当三毛回到家里之后，小黑奴的父亲竟然赶着几里地的夜路来到三毛家里，坚持要将这两百元钱还给三毛。三毛无奈，便说："这是您的孩子为我烤肉吃，我支付给他的劳动报酬。请您放心收下吧！"听到三毛这样说，小黑奴的父亲才收下钱拜谢而去。

在这不久之后有一天早晨，三毛刚一打开门，就发现自己的门外竟然摆放着一棵非常新鲜的青翠碧绿的生菜，而且生菜上面还洒了水。再一看自己的院子，显然是已经被人给打扫过了，所有杂草都不见了，而且几棵花卉也已经被修整过了。三毛当时心里就立即明白了，这一定是那个小黑奴的父亲做的。三毛在心中感叹：这个穷得身无分文的黑人奴隶，竟然会牢牢记住自己的一次善举，为了报答自己的一点恩惠，用他所仅拥有的蔬菜和劳力来为自己做了这些！

在这个故事中，三毛的真心付出所换来的不仅仅是一棵生菜，也不仅仅是黑人奴隶为其所做的一切，而是在这茫茫无际的大沙漠里人与人之间"真心实意"互动的温情。其实类似的故事还有很多，三毛与荷西居住在大沙漠的那段时光里，沙漠里的男女老少都特别愿意亲近三毛、帮助三毛，每次三毛遇到什么事情或者家里发生了什么难以解决的问题，周围的人们都会热情主动地来帮助三毛。那么，究竟是什么让大沙漠中的人群如此爱戴三毛，倾尽所能地帮助三毛呢？仅仅是因为三毛是这个大沙漠之中的外来客吗？当然不是。这完全是因为三毛平日里对这些人付出了极大的真心。

比如三毛会将自己家的洗澡水分给邻居的女人使用；三毛会在平日开车出门时，将路上遇到的行人一并载上车子同行，甚至连行人的羊也一同载上车；三毛会经常在晚上开车载着当地的一群孩子去兜风，还给他们分许多好吃的；三毛会在别人遇到困难时尽自己的最大能力去帮助他们，无论在金钱上还是在精神上都会给予对方最温暖的援助。三毛在她的书中说："拉过你的手，把我的真心交给你。"正是因为三毛对他人付出了一片赤诚之心，才在这茫茫无际的大沙漠中收获了无限真情。

《圣经》中有这样一句话："你们愿意别人怎样待你们，你们就先要怎样待别人。"在社会人际这片丰厚的土壤中播种下的是什么，那么你所收获到的自然就会是什么。正如哲人所说："人心和大地一样，向来是淳朴而公正的。"如果你肯用真心去耕耘你的情感人生，那么你就会得到丰厚的真情意，得到众人的信任、拥护和协助。

尚德尚贤，重用"客卿"作高参

在个人的社会交际中，尚德尚贤更是必须遵循的一个社交之道。唯有接近、亲近贤德之人，多与贤德之人结交朋友，才可为自己储备取之不尽的智慧能源，才能在自我人生大业的建树过程中获得自己的"卧龙凤雏"，保障自己赢得美好的未来。而尚德尚贤，重用"客卿"作高参，又是怎样被运用到社会交际之中的呢？

自古以来，无论是治国论政还是护国用兵，讲究的都是一个"尚德尚贤"之道，即要发掘、重用、珍惜德才兼备的贤能人士。在现代社会中，尚德尚贤被视为国家建设、企业发展的竞争发展之道，无论是政府机关、私人企业，还是社会发展，都以贤德之人作为建设主力军的统帅。其实，从古至今的个人人生发展又何尝不是如此呢？尤其在现代社会，一个人要想在竞争激烈的生活环境中谋求生存发展，就必须拥有自己的人脉建筑根基，而这一人脉建筑的根基之石便是德才兼备的人士。在个人的社会交际中，尚德尚贤更是成为必须遵循的一个社交之道，唯有接近、亲近贤德之人，多与贤德之人结交朋友，才可为自己储备取之不尽的智慧能源，才能在人生大业的建树过程中获得自己的"卧龙凤雏"，保障自己赢得美好的未来。

谈到尚德尚贤，其核心思想就是重用"客卿"作高参。客卿在中国古代春秋战国时期是各个诸侯国的"智谋先锋队"，他们大多是特指那些并非本国人而在本国担任高级官员的人才，为各个诸侯国的建设发展、守卫国土、兼并他国的重要谋略之臣。在现代社会，"客卿"则特指那些足智多谋、难得一见的能助自己（或企业等单位、机构）的发展一臂之力的人。我们在社会中谋求生存发展，要想实现自己的理想和目标，靠一个人的力量是根本不可能达到的，而需要能够为我们的人生、事业发展开疆扩土的勇士，更需要能够为我们醍醐灌顶、指点迷津的智者，因而具有贤德之能的"客卿"便是我们开创自我天下的"军师"。

当年，秦国之所以能够兼并六国、统一天下，与秦国重要的"客卿"之道有着密切的关系。那时，秦国的第一军师范雎提出了"远交近攻"的谋略思想，要秦昭王多结交远方国家的朋友，多重用这些朋友之中的具有超凡才干之人，而后形成对他国的瓦解力量。秦王采纳了范雎的建议，从秦昭王到始皇嬴政的四十多年里，秦国成为各个诸侯国中最具"天时、地利、人和"之优越条件的一个国家。尤其从"人和"的角度而言，秦国拥有比其他诸侯国多出几倍的人才，为秦国统一天下奠定了非凡的智慧能源基础。

　　毫无疑问，秦王所采用的这种"尚德尚贤、重用客卿"的谋略思想，对其以后的发展发挥了重要作用。秦国的交友战略成功地构建了其人才战略，尤其是对外来人才李斯、尉缭、王离、蒙恬等人的赏识和重用，这些人无一不为秦国的建设统一贡献了超凡的智慧、才能。重用"客卿"、尚用贤德，为秦国积蓄了巨大的能源力量，从而保障秦国最终实现了兼并六国、统一天下的夙愿。

　　重用"客卿"，在人的社会交际中所表现出来的另一重要方面即在于，一定要多听取他人的意见，多询问他人的意见，让贤德之人成为实现自我发展的"高参"。在与人交往中，我们要善于发现他人的才能与谋略所在，并在他人阐述自己的想法时，给予认真的聆听、仔细的分析，同时要给予合理的采纳与落实。尤其在当我们需要作一些重大决定或者是遇到重大事宜需要解决的时候，万不可自以为是、一意孤行，必须多去征询"客卿"的建议，多去采纳"客卿"的谋略，以尽可能地规避一切有可能引发的风险与意外，利用最有效的方式去付诸实施。

　　《伊索寓言》中有这样一则故事：一群小鸭子经常在山边的小溪中嬉戏，它们在溪水中玩累了就会到岸边的山坡下吃青草、晒太阳。山坡的树林里长满了果子树，树上结满了诱人的红果子。小鸭子们都非常想吃树上的新鲜果子，可是它们哪里能够得到呢？偶尔吃到一些从树上落下来的烂果子就已经是一大美事了。但是其中有一只小鸭子，却每天都能得到一枚刚刚从树上摘下来的新鲜果子，而这是一只小猴子送给它的。时间久了，其他的小鸭子就非常纳闷，便询问它："为什么小猴子对你这样好啊，每天都会摘果子给你吃？"这只小鸭子说："因为我主动亲近它，与它成为了朋友啊！"原来，这只小鸭子一直都想吃到新鲜的果子，它知道自己虽然无法摘到果子，但树林中的小猴子一定可以摘得到，只要和有摘果子本领的小猴子成为朋友，自己还会没有果子吃吗？于是，小鸭子主动与小猴子交往，还经常在河中捕捉一些鱼虾送给小猴子，这样小猴子就每天都会送给它一枚果子了。

这个故事告诉我们：当我们在实现理想的过程中遇到自身无法突破的障碍时，必须懂得去寻找、借助其他一些潜在的力量来帮助我们完成目标，而这力量的来源便是贤德之人，便是我们的"客卿"。在这个故事中，小猴子象征的就是具备我们所不具备的高谋略、高本领的贤德之人。如果我们希望自己能够像小鸭子一样实现凭借自己的力量无法完成的目标，就必须懂得并善于去结交具有贤德才干之人，并让他们成为我们的"高参"。

要责己以严，应待人以宽

著名文学家韩愈在他的一篇非常知名的文章《原毁》中说："古之君子，其责己也重以周，其待人也轻以约。重以周，故不怠；轻以约，故人乐为善。"韩愈所言乃古代历代王朝的君王治国之本、官宦的为官之道、臣民的求生之法。在现代社会，人际关系这一"责己以严、待人以宽"的交际法则，同样是一个人赢得交际情感、建筑人脉网络的黄金法则。

责己以严、待人以宽，这个道理理解起来非常简单，就是指一个人在为人处世中对待自己要严格要求，而对待他人要宽厚忍让，这是人与人之间在社会交往中建立良好情感沟通、和谐稳定关系的基础。著名文学家韩愈在他的一篇非常著名的文章《原毁》中说："古之君子，其责己也重以周，其待人也轻以约。重以周，故不怠；轻以约，故人乐为善。"这段话的意思就是说，君子要以特别严格的要求来规范自己，而对待他人要秉承宽厚之心，因为对自己要求严格就不会使自己产生懈怠之心，对他人心存宽厚就可以因施善于人而广结善缘。

韩愈所言乃历代王朝的君王治国之本、官宦的为官之道、臣民的求生之法。在现代社会，人际关系这一"责己以严、待人以宽"的交际法则，同样是一个人赢得交际情感、建筑人脉网络的黄金法则。一个人生活在人际关系极为复杂的社会环境之中，大到社会、小到家庭都需要一种与他人和谐相容的生存氛围。没有这样一种和谐相处的氛围，要想凭借自己的力量完成人生梦想，那真是难于上青天，甚至连正常的生活都难以保障。而责己以严、待人以宽的交往、相处方式，是建立人与人之间和谐关系的最为有效的方式。如果一个人无法做到这一"黄金法则"所规范的待人处事的思想原则，那么也就无法谈及交际的成功，更无法谈及人生发展的成功。

举一个简单的例子，如果你是一个家庭之中的长辈或是一个公司的领导，那么你凭借什么去建立与不同家人之间的亲密情感呢？你凭借什么去统领企业的"大军"、保障企业的发展、赢得所有员工对你的尊敬与拥护呢？当然，这其中所凭借的个人因素是综合性的，包括很多的个人魅力、个人才干、个人品行等方方面面的因素在内，但无法否认的是，"责己以严、待人以宽"的为人之道是其中具有举足轻重作用的一个重要保障因素。这个道理很简单，如果你身为一家之长，而不懂得严格约束自己的行为，那你又怎么去以身作则地教育晚辈呢？你不懂得宽容晚辈的错误，包容晚辈的缺陷，你怎么去帮助晚辈成长、成才，赢得晚辈的尊敬呢？如果你身为一个企业的领导而不懂得严格规范自己的行为，又如何去要求你的员工遵守公司的规章制度，如何让你的属下信服呢？你不懂得宽容你的员工与下属，不懂得对你的员工鼓励在先而是求全责备，又如何去发现你的员工的长处，激励他们的工作热情与团队归属感呢？与此相类似，如果你是一个公司的下属员工，却不懂得如何去严格要求自己上进，体谅老板的难处，包容同事的个性，那么你又如何去融入一个公司集体的氛围，如何实现自己的工作目标呢？如果你是某些人的朋友，而不懂得以律己容人之道去规范自己的言行，宽待你的朋友，你又如何赢得朋友的信赖与情感呢？总之，无论你在社会当中身处什么角色，都不能够丢弃律己容人的这一交际法则。

明朝时期，有这样一个故事：在山东济阳县有一个叫做董笃的人，这个人被视为"责己以严、待人以宽"的典范。董笃在京城做官的时候，有一天他收到了一封家书，打开这封信一看，原来是他的家人和邻居发生了争吵，要他出面来解决。事情是这样的：他家里要盖房子，为此需要一块地基，谁知邻居不让董笃的家人动用这块土地，说这是两家共有的土地，其中有一部分是属于邻居的，不允许董笃家拆墙私自占用。于是，两家人便发生了争吵，董笃的家人一看没有办法顺利得到地基，便给董笃写了一封求救信，要他出面凭借自己的权力来夺下这块地基。董笃看罢家书，挥笔写了一封回信，他说："千里捎书只为墙，不禁使我笑断肠；你仁我义皆近邻，让出两尺又何妨。"家人接到信后，反复阅读，觉得董笃说得非常有道理，于是就让出了几尺，不再与邻居争夺那一大片土地。邻居见到董笃家如此宽待自己，不仅没有继续与之争吵，反而也让出了几尺地，并且两家人此后情同一家，比以前更加亲近和睦了。

当董笃回到家中，他的妻子感叹地说："幸好有你这封信，让我们与邻居化干戈为玉帛，还维护了你为官的好名声，不然我们很有可能为了一块地毁了自家的声誉，还失去了这些朋友。"董笃回答说："一个人做事，要先思量自己的对与错，不能将苛刻的目光盯在别人身上，更不能凭借自己的权力去放纵自己、欺压他人；再者，人与人之间相处要以和为贵，多包容一下他人、多一些自我付出，才能收获一种和谐美好的生活。"

董笃的言行告诉我们：一个人要想赢得他人的尊敬与信赖，首先必须使自己成为他人的"榜样"，而这种"榜样"的树立就是通过"责己以严"来完成的；一个人要想赢得真诚的情感与他人的真心，那么就必须用自己的宽厚仁爱之心去感化他人的心，这一"攻心"之策便是通过"待人以宽"来实现的。

在社会人际交往中，如果你能够做到责己以严、待人以宽，便可"诚"服于人，赢得丰厚的"人际情感"。

Chapter 3　社交生活中博取感情的常用技巧

在社会交往中，我们都知道博取他人的情感支持对自我的人生发展具有举足轻重的作用，但人心非我心，在与人交往中，经常会出现相互间不易沟通、不易理解甚至产生误会与矛盾的困境。这些人际交流的困境无疑阻碍了社交情感的建立，造成了自己与他人交往间的情感障碍，而这些交流沟通的障碍真的无法消除吗？答案显然是否定的。要知道，这个世界上没有真正无法消除的障碍，人际交往也是如此。而要克服人与人之间的交流障碍，实现无障碍沟通，建立彼此间的真诚情感，自然是需要许多沟通技巧作为润滑剂的。那么，这些沟通技巧又包括哪些方面？该如何去掌握并自如运用呢？这一章就将为你打开人际交往中博取他人情感常用技巧的"潘多拉"魔盒，教会你如何使用这些沟通技巧去博取你的人际情感。

倾听是最好的支持

倾听别人的话语是博取别人感情的有效方法。不管是取得别人的信任还是同情，我们首先都要通过倾听向别人表达出自己的诚意，这样我们才能被别人所信赖。我们表现出来的倾听是对别人的一种最基本的尊重，这种建立在尊重基础上的倾听，能够在我们和别人的交往中发挥很大的作用，使我们能成为别人眼中值得结交的人。那么，倾听到底具有什么样的作用呢？

在社会交往中，想要给对方留下一个好印象，善于倾听是最好的办法。也就是说，想要在社会交际中让大家都对我们表示认可，以诚相待、倾听对方的语言和心声是必不可少的手段。因为交往是相互的，首先我们要表现出对别人的尊敬和感情，别人才有可能对我们有好感。

倾听别人的话语是博取别人感情的有效方法。不管是取得别人的信任还是同情，我们首先都要通过倾听向别人表达出自己的诚意，这样我们才能被别人所信赖。大家只要仔细留意一下自己的周围就会发现，那些能够被别人认同并左右逢源的人，大都是善于倾听的人。

我们表现出来的倾听，是对别人的一种最基本的尊敬，这种建立在尊敬基础上的倾听，能够在我们和别人的交往和接触中发挥很大的作用，使我们能成为别人眼中值得结交的人。那么，倾听到底有什么样的作用呢？

首先，我们的倾听能够让我们面前的被倾听者感受到自己说的话有价值，他自己会觉得受到了我们的重视。专心地在对方说话的时候倾听，是给予对方最大的尊重，不管我们面前站立的人是谁，他的身份是不是尊贵，他的面相是不是俊美，我们都要学会倾听。我们通过自己的感受就能深深地体会到这种倾听的效果，比如我们向一个人阐释我们对某一件事情的看法，而这个人神情专注地看着我们，仔细地倾听，并时不时地点头，表示认同我们的观点，那在我们的心里，是不是一下子就对这个人有了好感呢？答案不言而喻，是的，我们会觉得自己受到了尊敬，受到了重视，心里面对这个人的好感会直线上升；相反，假如这个人仅仅是不得不站在我们面前，虽然是在听我们说话，但是表现出一副心不在焉的表情，眼睛时不时地瞟向别处，我们对这个人一定会有看法，他给人留下的印象也会很糟糕。由己及人，当我们倾听别人说话的时候也是这样的态度，那么我们留给他们的印象也是一样的。

其次，倾听可以拉近彼此之间的距离，缓和彼此之间糟糕的感情。当我们和别人之间因为一些误会或者纠纷伤了感情的时候，针锋相对地驳斥或者辩解往往会使这种争论更加激烈。有时候，我们安安静静地先听一下他们的话，让他们原原本本地把话说完，我们再发表自己的意见，则能收到良好的效果，拉近彼此之间的距离，弥合原本破裂的信任，避免双方之间的纠纷继续扩大。

有一个人遭受了莫名的误会，他跑到领导的办公室准备去大闹一场。但是，当他闯进领导办公室的时候，领导却很耐心地倾听他的诉说，并帮助他梳理了情绪，最终大家消除了误会，这个人的心情也归于平静。我们可以假设一下，如果这个领导没有认真地倾听他的诉说，那么双方的矛盾一定会激化起来，闹得不欢而散。

再者，倾听可以让我们给对方一个很好的印象，使我们在最短的时间内取得别人的信任，树立我们虚心向上的形象，博得别人的认可，为我们的成功铺就一条捷径。

那么，既然倾听有这么重要的作用，那么我们应该怎样让自己熟练地去倾听呢？我们在倾听的时候，要注意以下技巧：

第一，我们在和别人交谈的时候，要保持自己良好的沟通欲望。沟通的欲望是我们倾听的前提，它能让我们保持一个良好的精神状态来面对对方。假如我们在倾听的时候，没有欲望，表现出一种无精打采或者心不在焉的状态，那么倾听的效果就会大打折扣。所以，我们在倾听他人说话的时候，要保持良好的精神状态，应集中精力倾听对方的话语，掌握他们所要表达的信息，知道自己在他们说完之后要怎样答话。在倾听的时候，我们的欲望是通过我们的眼神和肢体动作表达的，我们要保持和对方眼神的接触，但应该是短暂的、频繁的眼神接触，不应该是长时间的凝视，不然会产生误解。我们可以在倾听的时候微笑，以此表达我们对他说的话非常感兴趣，或者，我们可以借助手势来表达我们倾听的欲望，比如说紧张地搓手、抚胸、皱眉等等。只有这样，我们才可以保持足够的警觉，回应对方的谈话，让他们能够注意到我们倾听的欲望和态度，博得他们的好感。

第二，我们在倾听的时候，不应一味地闭口不言，只听不说。适时恰当的提问或者幽默的插话能够增加气氛，更能凸显我们倾听的仔细，更能表现出我们的重视。我们仔细地倾听，其实就是为了从对方的言语中获得我们感兴趣的信息，就是我们要了解他们想做什么。当我们了解以后，我们可以适时地在他们想要说的关键点上提问一下，以增加他们回答的兴趣，或者幽默地在他的话语的基础上往前推进一下，替他解释一下，烘托一下气氛，这样能够给对方一种鼓励，有助于我们和他们之间的沟通。

第三，倾听的时候，我们必须要有足够的耐心，不要动不动地就打断对方的话，人家说东你说西。有些人，说话的时候，可能有些散乱或者在逻辑上有颠倒，这个时候，我们要表现出足够的耐心来，要从头到尾地听完他们的诉说。即使我们对这样的说话方式或者他们所要表达的意思不赞同，也要保持足够的耐心，只有在别人表达完之后，我们才可以发表自己的看法或者给予反驳。另一个需要我们在倾听中注意的是，当别人在说话的时候，我们经常性的插话，意味着打断别人的思路或者转移别人的话题，这是一种非常没有教养或者很不礼貌的行为，所以，切记不要经常频繁地干扰对方说话。

总之，倾听是对我们博取别人的感情和信任的最简单最有效的支持，我们应该重视倾听的作用，了解到这种态度上的恭维。因为，在这个世界上，很少有人会拒绝别人倾听自己的谈话，一个会倾听的人，一定能够获得对方的好感！

饶恕是人生最大的美德

饶恕是一种可以让我们快乐的灵丹妙药，它可以医治我们心灵上的伤痕和痛苦，不管这痛苦多么深多么重，只要我们选择了饶恕，选择了轻轻一笑，那么，哪怕是面对最仇视的敌人，也能换回彼此之间的和平和谅解。饶恕是人生中最大的美德，饶恕了别人的错误，给他们一次机会，实际上也就是解放了自己，给了自己一份洒脱。

饶恕是人生中最大的美德，是我们给予别人的一个重生的机会，是一种豁达。但是，这个世界上，能够真正饶恕他人的错误，对一些人来说却不是一件很容易的事情。我们经常能看到这样的新闻，什么报复杀人，什么因为失恋而相互伤害等等。在这些人的心中，似乎根本就没有所谓的饶恕。

在我们的生活和工作当中，需要和周围的人接触，就难免会产生一些摩擦，日积月累，一点点地积累起来，就可能让我们受不了，最终等到爆发的时候，酿成了大错，悔之晚矣。这样的例子也随处可见，原本的好朋友之间因为鸡毛蒜皮的小事而决裂，原本祥和美满的家庭因为夫妻之间的固执而破碎，原本睦邻友好的两个国家因为放不下历史的宿怨而刀兵相见，这些都是因为不懂得饶恕和宽容所造成的悲剧，由于没有每天清理心中的积怨，助长了怨恨在心田上蔓延而导致的。"海纳百川，有容乃大；壁立千仞，无欲则刚。"假如我们在深思熟虑之后，能够摒弃那些个人的私怨，原谅别人个性上的缺陷，把我们的胸怀拓展到大海那样的境界，那么就可以去包容周围人的错误，饶恕那些过失。

饶恕是一种可以让我们快乐的灵丹妙药，它可以医治我们心灵上的伤痕和痛苦，不管这痛苦多么深多么重，只要我们选择了饶恕，选择了轻轻一笑，那么，哪怕是面对最仇视的敌人，也能换回彼此之间的和平和谅解。为了名利，争来争去，相互猜忌，这非常的不值得。人生就这么短短的几十年，我们为什么就看不透呢？只有饶恕，我们才能获得朋友们的情感，不然，即使获得那些名利，我们也会感到彻骨的孤独。那些过去的恩怨，就让它们过去算了，记在心里，只会让我们越来越痛苦和伤感，只能让我们和别人的关系越来越疏远。饶恕别人，不是无能，更不是怯懦，而是把我们心中的怨恨从心底驱逐出来，是我们人格魅力的自然流露。拿得起、放得下，才能算的上是一个真性情的人，才能获得别人的认同，所谓的恩恩怨怨，都是过眼云烟，不值得花大力气去计较。

其实，对别人的饶恕，也是对自己的饶恕，是成就自己的利益。在我们的周围，只要留心，我们就能发现，一些人在怨恨别人的时候，也毁掉了自己的生活，比如对别人生气、怨恨别人，气急败坏的你，也会让自己遭受坏心情的侵袭，憎恨别人、想要让他们生气，那么自己的内心也不会愉快到哪儿去的。也就是说，我们伤害了别人的利益，那么自己的利益也会受到伤害，我们不宽容别人的错误，那么，别人在我们犯了错误的时候，也不会饶恕我们。这就好比我们举起巴掌去打别人，别人痛了，我们的手也会感到疼痛，不饶恕不宽容，在伤害别人的同时，也会伤害了我们自己。

不饶恕别人，其实是在气自己。我们通常觉得，自己对自己是非常爱惜的，但许多人却不知道，其实我们在斤斤计较别人的错误时，也等同于往自己的身上捅刀子。我们身上许多的烦恼和痛苦，都是源于所谓的不饶恕，和外在的环境以及周围的人没有什么关系。我们越是怨恨别人，越是对别人的错误不依不饶，我们的心灵受到的伤害也就越大。一旦心中的怨气得不到及时地释放，那么，受到伤害的还是我们自己。当我们饶恕别人的时候，也一定饶恕了我们自己，成全了我们自己的利益。当我们宽恕了别人，我们的一言一行对别人有了帮助的时候，别人一定会记住我们，回报我们，他们快乐，我们更快乐。

曾经看过一本书，其中有这么一个关于饶恕的例子，很值得我们借鉴。宋朝宰相吕蒙正年轻的时候，资历浅但升官非常快，在皇帝面前是个大红人，所以招致了别的大臣的嫉妒和不满。他们便在上朝的时候，对吕蒙正冷嘲热讽，说他的坏话。朝中和吕蒙正关系比较好的大臣们都看不下去了，要上告皇帝，替他讨回公道，但是吕蒙正阻止了他们，在内心里饶恕了那些讽刺他的大臣们，这才没有酿成新旧官僚之间的争斗。端洪元年，吕蒙正刚刚被任命为宰相，有一位大臣张绅陷害吕蒙正，向皇帝告状，说吕蒙正依靠皇帝的信任和宠信，骄奢淫欲，利用自己手中的权力打击报复不同政见者。宋太宗听了张绅的话后很生气，就罢免了吕蒙正的官职。不久，检查机构发现了张绅贪污索贿的证据以及诬陷吕蒙正的线索，宋太宗这才恢复了吕蒙正原来的官职。吕蒙正回到朝廷之后，也没有怎么解释，用自己的宽厚和沉默，饶恕了别人对他的诽谤与误解。

饶恕是人生中最大的美德，饶恕了别人的错误，给他们一次机会，实际上也就是解放了自己，给了自己一份洒脱。

为了朋友的喜悦而喜悦

朋友是什么？朋友是彼此之间有交情的人，是相互之间很要好的人。对我们而言，朋友之间的友谊是一种最纯洁、最朴素也是最平凡的感情，但是，有些时候它又是最让我们难忘的，它是那么浪漫而又坚实、永恒。友情在我们的生活中无处不在，假如我们是一条鱼，那么友情就是水，萦绕在我们的身边。为了朋友的喜悦而喜悦，你做到了吗？

一提到朋友，大家都会想起身边的那些在我们困难的时候帮助我们的人。人的一生离不开朋友，不管这个人多么的强大和富有，他都需要朋友，聊聊天，说说话，交流一下心中的困惑和疑问。这些人可以没有爱情，但是绝对不能没有友情，一旦没有朋友，他们的生活也就没有了激情，就像一潭死水，掀不起什么波澜来。

朋友是什么？朋友是彼此之间有交情的人，是相互之间很要好的人。对我们而言，朋友之间的友谊是一种最纯洁、最朴素也是最平凡的感情，但是，有些时候它又是最让我们难忘的，它是那么浪漫而又坚实、永恒。友情在我们的生活中无处不在，假如我们是一条鱼，那么友情就是水，萦绕在我们的身边。

我们应该真心对待朋友，为朋友的喜悦而喜悦，只有这样，才能获得朋友的真心回报。朋友之间的交流无处不在，交流的形式也多种多样，有时候，朋友之间会谈论一些有关理想的话题，我们往往会被要求提供一些建设性的建议，帮助朋友计划参谋一下。这个时候，我们应该真心实意地为他们参谋一下，把他们的未来当成我们自己的未来，给他们的人生大厦添砖加瓦，以他们的喜悦为我们的喜悦。也许，大家都有过这样的经历，当我们兴高采烈地想把我们的喜悦告诉我们的朋友，想与他们一起分享的时候，他们却摆出一种非常不屑的神态出来，甚至有的朋友在听我们说完喜悦的事情之后，竟然当头泼我们的冷水，让我们原本喜悦的心一下子冷却了下来。如此几次，让我们再也不敢在他们面前提自己高兴的事以及理想什么的了，彼此之间的感情自然也就淡了。

其实，为了朋友的喜悦而喜悦，倒不是说不管朋友和我们说什么，我们都要去强作欢颜，去奉承他们，我们没有这个义务，也没有这个必要。我们以朋友的喜悦而喜悦，是说当我们的朋友向我们征询意见的时候，我们应该做一些详细的分析，不管人家最后是不是采用，但是我们得拿这当回事儿；当朋友欢欢喜喜地把他们的喜悦拿来和我们分享的时候，我们也应该感到由衷的高兴，发自内心的高兴。

从前，有一个小男孩，他的脾气非常坏，常常对身边的小朋友们无端地发脾气。为此，他的父亲给了他很多的钉子，对他说，每次觉得心情不好想要找人吵架的时候，就在院子的大树上钉一颗钉子。过了一天，男孩在大树上钉了十几根钉子，后来，这个男孩子学会了控制自己的坏脾气，每天往大树上钉的钉子也就越来越少了。男孩子发现，只要想到朋友的好，努力控制自己的坏脾气，要比往坚硬的大树上钉钉子容易得多，于是他高高兴兴地把自己的这个发现告诉了他的父亲。父亲说："从今天开始，假如你一天当中一次脾气也没有发，那么你就把大树上钉上去的钉子每天拔下一根来。"时间过得飞快，最后，这个小男孩把树上的钉子全部都拔了下来。父亲带着小男孩来到大树旁边，指着大树对小男孩说："孩子，你做得很好，但是你注意到了大树身上留下的洞了么，这些钉子洞深深地伤害了大树，可能会等上好几年才会恢复。这就像你和你的朋友吵架，对他们乱发脾气，对他们说了很多难听的话，你就在他们的心中钉下了钉子，就像树身上的这些钉子洞一样，即使后来你向他们道歉了，拔下了钉子，还是会在他们的心中留下这些钉子洞，不管你怎么向他们承认错误，也不能恢复你们之前的那种关系了。"

是啊，我们的朋友是我们最宝贵的财富，他们的喜悦让我们开怀，他们的支持让我们更加勇敢。他们也总会在我们伤心的时候倾听我们的忧伤，在我们需要他们的时候，默默地支撑着我们踏出那最艰难也是最重要的一步。当朋友向我们敞开心扉，让我们分享他们的喜悦的时候，我们也应该高兴地告诉他们，我们是多么地爱他们。

其实，朋友之间是一种如水的情感。我们应该对我们的朋友以诚相待，即使彼此很久没有见面了，在对方有困难的时候，我们也要鼎力相助，帮他们走过艰难的时期。好的朋友能以对方的喜悦为自己的喜悦，并不需要什么酒精之类的东西来加深"感情"。当我们遇到什么不高兴的事情的时候，也可以在第一时间打电话向朋友倾诉。能以朋友的喜悦为自己的喜悦，能以朋友的伤心为自己的伤心，这样的我们，一定能够获得朋友们最真实的情感。

善用同理心，设身处地为他人着想

在我们和别人的交往和沟通当中，一个最基本的技巧就是要拥有同理心，就是说我们要摒弃那种只思考自己的利益，只为自己谋福利的想法，要多站在别人的立场上看待问题，理解对方的处境。那么，何为"同理心"，在人际交往中又如何运用"同理心"呢？

所谓的同理心，是指在我们和周围的人交往的时候，设身处地地为他人着想，能够站在对方的角度，理解别人的感受和立场，并以此思考和决定的一种处理问题的心态。一句话来概括，所谓的同理心，即站在对方立场上看问题的一种思维方式。

在我们和别人的交往和沟通当中，一个最基本的技巧就是要拥有同理心，就是说我们要摒弃那种只思考自己的利益，只为自己谋福利的想法，要多站在别人的立场上看待问题，理解对方的处境，熟悉他们的思维方式以及受教育的水平等等，这样，我们就能够更好地了解他们做出决定时的立场和根源。在交往和沟通的过程中，我们也要尽力维护对方的尊严，努力让对方感到自信，引导对方把心中的真实想法说出来，这样，我们才能获得对方的信任和尊重。

虽然同理心在我们同别人的沟通中有这么重要的作用，能够帮助我们获得别人的信任，但是大多数人在人际交往中往往会习惯性地将之忽略掉。其实，只要大家对同理心的重要性有一定的了解，就会对它有所重视。

有一个国家，人民的生活水平很低，大多在穷困中度日，需要购买什么生活的必需品，都需要去排队才能买到。有几个外国人来到这个国家，去一个朋友家做客，在他们去之前，这个国家的穷人就很费心地收拾自己的屋子，他害怕自己简陋的生活条件受到朋友们的耻笑。但是，没想到，心急则乱，他手上稍微一用力，就把家里唯一的一个扫把弄折了。这个人愣愣地看着手中断了的扫把，心疼地跌坐在地上，号啕大哭起来。正在这时，他的几个外国朋友来到了他的家门口，看到这个人手里拿着一把断掉的扫把痛哭不已，大家都跑到他的面前来安慰他。家里很有钱的日本人对他说："你也是的，这么小气，不就是一把不值钱的扫把吗，值得你这么哭吗？再去买一把不就得了。"日本人刚刚说完，那边的法国人就说了："我提议你应该到法院去，控告这个劣质扫把的生产商，让他们赔偿你的损失。再说，你能把这么粗的扫把都拧断了，证明你的臂力非常大，让我都羡慕的不得了呢，你又何必这么伤心？"一边的德国人说："先不要哭，我们大家一起研究一下，一定有一种方法，可以让这个断了的扫把再接上，我们一定能想出来的！"最后，这个可怜的穷人哭着说："你们刚刚说的，都不是我伤心的原因。我之所以大哭，是因为明天我想要买扫把的话，必须排长长的队，要等一整天才可以买到，这样，我就不能和你们一起坐车出去玩了！"

这个小故事告诉我们一个道理，那就是设身处地地站在别人的立场和环境中思考的重要性。只有我们站在了别人的立场上设身处地地看问题，我们才能理解别人的想法，才能拉近彼此之间的关系，才能彰显我们的善解人意。

那么，同理心在人际交往中有什么样的表现效应呢？换句话说，我们付出了同理心，会起到一个什么样的作用呢？

第一，我们的同理心，彰显出我们对待别人的立场，能够让别人真真切切地感受到我们的情真意切，这样，别人也会真心地对待我们，才会以真情回报我们。从这点上看，所谓的同理心，颇有一点点感情投资的作用，对别人付出了感情，自己也一定会收到他们的回报。

战国时期，有个著名的军事家吴起，他在魏国军队当将领。由于他能够站在士兵的立场上体会他们的疾苦，所以他很受士兵们的爱戴。有一次在战场上，吴起看到一个士兵身上长了脓疮，痛苦得不得了。身为将领的吴起，竟然二话不说低下头就用嘴给那个士兵吸吮起脓血来。这件事情感动了全体士兵，还传到了那个士兵母亲的耳朵里面，但是这个士兵的母亲听到这个消息之后，并没有为自己的儿子受到统帅的如此待遇而高兴，反而大声地哭了起来。别人很不理解，就问她："你的儿子受到将军的如此厚爱，你为什么还要哭呢？"这个士兵的母亲哭着说："这哪是什么福分啊，将军这么对待我的儿子，分明是要他去送命啊。以前的时候，吴将军就曾经为我的丈夫吸过脓血，结果打仗的时候，我的丈夫格外卖力，总是冲锋在前面，最后战死了。现在他又这样对待我的儿子，你说是不是为了让我儿子去拼命啊？"

这个故事中，吴起虽然有心机在里面，但同理心也是很明显的，他能舍身为士兵吸脓血，这是连父子之间都不常见的事情，所以，他手下的士兵能为他拼命也就不奇怪了。

第二，真诚对待别人的人，才会被信任。《三国演义》里面有这么一个故事，说的是曹操领着大军追逐刘备，而刘备因为只有三千多人马，又带着十万多人的老百姓，所以走得很慢。赵云走在最后面，负责保护刘备的两位夫人和儿子。在晚上的一次战斗中，赵云和她们走散了，为了寻找她们，赵云一个人闯进了曹营，最后找到了甘夫人，把她送到长坂坡交给了张飞保护，自己又调转马头去寻找糜夫人和刘备的儿子阿斗。在曹操的大军中，赵云一人一马，时刻都面临着生死的危险，一路下来，赵云杀死了曹操的几员大将，终于在一口枯井旁边找到了糜夫人和阿斗。但是糜夫人受了重伤，她不肯骑赵云的战马，害怕连累了赵云和阿斗，于是她投井自尽了。赵云悲痛万分，处理好糜夫人的尸体之后，将阿斗护在怀中，一路冲杀，最终逃了出来。等见到刘备，赵云把阿斗交给了他，没想到刘备却把儿子阿斗一下子扔在地上，大骂道："为了这个孺子，差点损失了我一员大将。"赵云抱起阿斗，感动得一塌糊涂，哭着说："我赵云即使肝脑涂地，也不能报答这样的知遇之恩啊！"刘备在这里就用上了同理心，从而获得了赵云誓死效忠的保证。

善用同理心，设身处地为他人设想，一定能够获得别人善意的回报和信任！

运用饭局进行人脉销售

这个世界上，每个人都必须要吃饭，食物可以说是我们最基本的生存需要。人不穿衣服虽然不甚雅观，但是还可以用别的方法加以遮掩，假如人不吃饭的话，一顿两顿可以撑住，四顿五顿不吃就可能有生命危险了。但是，饭局和简简单单的吃饭却又不是一个概念。那么，饭局究竟具有何等重要意义，又该如何去发挥饭局的重要作用呢？

不管我们的工作是什么样的性质，也不管我们身处这个世界的哪个地方，饭局这种积累人脉的方法都是必不可少的，一些谈判以及营销合同等等，基本上都是在饭局上敲定的，求人办事更是离不开饭局。

这个世界上，每个人都必须要吃饭，可以说食物是我们的最基本的生存需要。人不穿衣服虽然不甚雅观，但是还可以用别的方法加以遮掩，假如人不吃饭的话，一顿两顿可以撑住，四顿五顿不吃就可能有生命危险了。人是铁饭是钢，一顿不吃饿得慌，这是至理名言，容不得半点的怀疑。但是，饭局和简简单单的吃饭却又不是一个概念，饭局的意义通常是在人脉的积累，不管是谈生意做买卖，还是求人办事，一回生两回熟，吃吃喝喝也就认识了，下次再有什么事情，自然也就顺理成章了，这就是饭局的人脉意义。

一场成功的饭局，不管发生在什么时间，只要在餐桌上我们没有涉及到令人不愉快的话题就算成功了一半。饭局上谈论的话题，对整个饭局人脉的积累有着重要的作用。那么，除去那些不愉快的话题，我们应该谈论些什么呢？一般来说，在饭局还没有开始的时候，谈论的一般都是一些无关紧要的话题，比如体育比赛、天气、熟人什么的。等到饭局开始之后，我们才会涉及饭局的主题和目的，比方说谈一些具体的合作细节或者重要的事情。比如，在美国，宴请一些犹豫不决的立法者，说服他们投自己一票，是一些政客们经常使用的方法。这样的饭局一般选在室外进行，至于是早餐还是晚餐，则没有什么具体的要求，但是不管是哪一种，都会很讲究，也很精致。

一些人往往会觉得饭局是在浪费时间，是一种变相的腐败和迂腐，其实这种观点是非常错误的。人们花在饭局上的时间和精力，能够积累起巨大的人脉关系，是不会成为流水白白逝去的。一个成功的商人总是会有一个完整的工作计划，来确定自己和哪些生意上的伙伴见面。那么，这就意味着在聚餐的饭局上，都是一些和他有业务来往或者将要产生业务来往的人士，这些人无疑都有巨大的影响力，是这个商人今后继续在商场上打拼的助力。其实，饭局是一种非常简单有效的积累人脉的方式，也花不了多少的时间，因为一个人吃饭也需要时间的，另外，几个人的饭局，大家谈天说地，情绪也都非常好，更容易彼此结交，结下深厚的友谊。我们可以来假设一下，假如一个商人一个个地去拜访他的生意伙伴，那需要花很多的时间，但是，把这些人集中在一起吃顿饭，会节约多少时间呢？这样我们不仅能借助饭局进一步拉近和客户之间的关系，还可以得到一些有价值的线索或者信息，壮大我们的事业。

饭局的重要性就在于，在吃吃喝喝之中可以积累人脉关系，为今后的发展打下基础。假如我们能够经常和一些对我们的生活和事业有帮助的人在一起吃饭，那么我们的生活和事业也一定会有所改善和壮大。假如我们中的一些人还没有意识到饭局对积累人脉的重要性，那么不妨静下心来仔细考虑一下。但是，我们在饭局上想要达到我们的目的，这是可以理解的，但要注意的是，一定不能过于着急，急功近利的言语和行为不仅不能让我们达到目的，反而会引起别人的反感，对我们百害无益。我们需要注意的是，说出去的话尽可能的要有弹性，保留一定的回旋余地，不要硬性地把我们的期望强加于别人的身上。饭局的意义在于，别人既然来了，就是对我们的一种肯定和接受，也就是说，只要人家来参加我们的饭局，也就意味着我们已经成功一半了。吃人家的嘴短，拿人家的手软，下次我们再去找他们办事或者合作，他们也就心中有数，不好意思拒绝什么了。这就是饭局中的人脉效应。

朋友生日要牢记

许多人觉得要记住朋友的生日是一件非常花时间的事情，也很费心思。实际上，记住一个朋友的生日，用不了多少时间，几秒钟就能完成，而在他们生日的那天把我们的祝福送上也花不了几分钟的时间，但正是这几秒和几分钟，我们却能换来朋友对我们的感激之情和深厚的友谊，不管怎么计算，这都是一个很值得去做的感情投资。

在我们的生活当中，有些人对自己的生日记得非常清楚，家人的生日也能够记住，但是对身边的好朋友的生日却知之甚少。这是一种普遍的社会现象，从表面上看，记不住朋友的生日似乎很正常，因为我们一般习惯记住的是父母、妻子、孩子和自己的生日，朋友似乎不在这个范畴之内。这话乍听起来觉得非常有道理，但是仔细推敲起来，就会发现其中的不足——朋友对我们的重要性不言而喻，在某些情况下，甚至会比亲人更加重要，那为什么我们能记住亲人们的生日却有意无意地忽略掉朋友们的生日呢？

许多人觉得要记住朋友的生日，是一件非常花时间的事情，也很费心思。实际上，记住一个朋友的生日，用不了多少时间，几秒钟就能完成，而在他们生日的那天把我们的祝福送上也花不了几分钟的时间，但正是这几秒和几分钟，我们却能换来朋友对我们的感激之情和深厚的友谊，不管怎么计算，都是一个很值得去做的感情投资。

从我们的传统习俗上看，生日对中国人有着非常特殊的意义。俗话说得好，子女的生日，母亲的受难日。抛开母亲十月怀胎的辛苦不说，当一个小小的生命来到这个世界上的瞬间，作为孩子的母亲，必须要忍受着身体上的巨大痛苦，坚强地生下自己的孩子，才能给予他们生命的曙光。在我国民间有这么一种说法，认为我们生日的本意就是追思母亲生下我们之时所要忍受的那种痛苦，以此体会母亲养育我们成人的辛苦。

记住一个朋友的生日，尤其是我们认为对自己来说最重要的朋友的生日，确实是一件不需要我们花费多少时间和精力的事情。我们可以在闲下来的时候，闭上我们的眼睛，在心里默默地把那组数字念叨上几遍，或者我们可以找一支笔，在我们的日历上做一个醒目的标记，写上朋友的名字就可以了。这看起来非常简单，但是真做起来，确实是需要我们花些心思的，就像对待我们的亲人一样。成功大师卡耐基就非常认同这种做法。他认为记住朋友的生日是对朋友的一种非常大的尊敬和重视，这表示我们的心一直都在关注着他，一直把他们当成我们最好的朋友。其实很多在商业上有所成就的人士，都非常注重朋友们的生日，会在他们的生日当天送上自己的祝福。

事实上也是如此，当我们记住朋友的生日的时候，即使是一声简简单单的祝福，也会带给他们深深的感动。因为每个人在自己生日的时候，都会期待着别人的祝福和问候，这个时候，作为朋友的我们，送上一声祝福或一件小礼物，都会让朋友们觉得我们是他真正的朋友，对我们的朋友来说，我们的关注，是对他们自尊的最好的满足。所以，当我们身边的朋友过生日的那天，不管我们身处何地，处在一种怎样的环境当中，我们都应向朋友们送上我们的祝福，让我们的朋友知道，我们在心里面一直挂念着他们，知道我们是他永远值得信任的朋友。

当一个人被一大群人包围着庆祝生日的时候，他会有一种归属感，会有一种亲近感。所以，我们记得朋友的生日，并在他生日的那天祝福他，是非常能够感动朋友的事情。

既然一个人的生日包含了这么深刻的含义，那么作为朋友的我们，假如能够记住我们身边朋友的生日，那么我们一定能够给他们留下一种难忘的印象，让他们对我们的好感大大增加。而朋友对我们生活和事业上的重要性不言而喻，结交了真正值得信赖的朋友，也就为我们以后的生活和事业进行了感情上的投资。

记住朋友的生日，并在他们生日的那一天送上一份生日礼物，以此表达我们的祝福，是一件博取朋友感情的最有效、最简单的手段。礼物不在于珍贵与否，再简单的礼物，只要包含了我们真心的祝福，也有一种别样的贵重。中国人一向注重礼尚往来，我们切忌不要因为是朋友而显得过于随意，不送礼物。古人说得好，礼尚往来，往而不来，非礼也，来而不往，亦非礼也。在朋友的生日之时，送上我们的一份礼物，代表着我们心里对朋友的祝福和重视，也反映出我们希望在朋友心中树立一种积极形象的愿望。一个懂得博取感情的人，不但能够记住朋友的生日，而且还知道在朋友的生日那天送什么样的礼物，给朋友留下一份深刻的印象，这样，我们也就能够在朋友的心目中增值，变得与众不同起来。

除了送礼以外，朋友的生日也一定不要少了生日蛋糕，送一个大大的蛋糕也是一种既简单而又有意义的礼物。其实生日吃蛋糕、吹蜡烛最早开始于古希腊。在古希腊，人们都信奉月亮女神阿耳特弥斯，在她的一年一度的生日庆典上，人们总要在祭坛上供放蜂蜜饼和很多点亮着的蜡烛，形成一片神圣的气氛，以示他们对月亮女神的特殊的崇敬之情。随着时间的推移，古希腊人在为他们的孩子过生日时，开始按照庆祝月亮女神阿耳特弥斯生日的方式，在餐桌上摆上糕饼等物，并在糕饼上面点亮小蜡烛，后来又慢慢地加进一项新的活动——吹灭这些点亮的蜡烛。古希腊人相信点亮着的蜡烛具有神秘的力量，如果这时让过生日的孩子在心中许下一个愿望，然后一口气吹灭所有蜡烛的话，那么这个孩子的美好愿望就一定能够实现，于是生日蛋糕上点蜡烛和吹蜡烛便象征着吉祥和祝福。

记住朋友的生日，对我们来说，不仅仅是记住一串数字，更是一种情感的投资。

节日祝福不能忘

每当节日到来的时候，各种祝福的话语就不断向我们涌来，虽然仅仅是一句简单的问候或者一个漂亮的图片，但是，我们可以从中感受到朋友们真心的祝福，知道他们在想着我们。同理，当我们在节日里祝福我们的亲人和朋友的时候，他们同样也会有这样的感受，会因为我们节日的祝福而加深对我们的印象和感情。

我们和动物的最大区别在于我们的生活有社会性，特别是在我们这样一个传统氛围浓厚的国度里，节日很多，在每一个节日到来的时候，人们总是以各种各样的形式相互祝福问候，当然，作为整个社会一分子的我们，是不能忘记祝福身边的亲人和朋友的。

　　每当节日到来的时候，各种祝福的话语不断向我们涌来，虽然仅仅是一句简单的问候或者一个漂亮的图片，但是，我们可以从中感受到朋友们真心的祝福，知道他们在想着我们。同理，当我们在节日里祝福我们的亲人和朋友的时候，他们同样也会有这样的感受，会因为我们节日的祝福而加深对我们的印象和感情。

　　节日里的祝福，也许只是一句简简单单的话，或者是一条短信，或者是一张贺卡，都可以向朋友们问候一下。当然，对我们来说，不管我们说的话还是发出去的短信、寄出去的贺卡，有没有文采并不重要，我们无需为了所谓的"好看"去转发那些看起来文绉绉的短信，尽管我们自己编发的短信看起来粗浅，我们还是应坚持用自己的语言来问候他们，这样的话，我们就会收到他们亲切而又温情的回信。比如，他们可能说，真是没想到啊，这么长时间没联系了，你还记得我。其实这就是我们在节日里向身边和远方的朋友们表达祝福的原因，不管我们自己在这个节日里有多么忙碌，不管我们在忙着什么样的事情，但是我们从来没有忘记过他们，从来没有忽视过这份友谊和亲情。不管我们和他们之间的距离有多远，不管我们和他们有多久没有见面，一个短信、一通电话、一句简简单单的祝福，就能够带给我们的亲人和朋友们温暖的节日感受。假如我们的父母还健在，那么我们就要常回家看看，不管我们的工作有多忙，单位离家有多远，实在回不去了，那就打个电话问候一下，其实做父母的非常容易满足，一句简短的问候就能够让他们泪流满面。或者趁着节日的这几天，和我们要好的朋友去逛逛街，节日里的大街上一定非常热闹，可以一起买几件衣服，可以一起去坐碰碰车，一起去看一场早已经期待的电影。在一起聊聊天，也是难得的轻松，一起畅谈理想和追求，也是节日里不可多得的祝福。几句简单的话，蕴涵了太多让人难以用语言表达的暖意。

有一个人在博客上这样表达自己对节日祝福的看法：以前，人们的生活水平还没有这么高，在过节时，祝福的方式也很少，比如春节时，小辈要给长辈拜年，有的地方只是口头拜年，有的地方还要磕头行大礼，而长辈也要给小辈们压岁钱，像中秋、端午这样的节日，大家一般就说一句节日快乐，而圣诞节和情人节还没有兴起，人们基本是不过的。总之，祝福别人的人和收到别人祝福的人，都是幸福而开心的。随着社会经济的发展，人们祝福的形式也发生了变化。渐渐地，过节时，人们不满足于传统形式的祝福方式了，开始送贺卡，送一些小礼物。人们也不仅仅过传统节日，西方的情人节和圣诞节也开始重视起来，过的人也越来越多。节日礼物的变化也展示出社会的进步，人们生活的富足。现代经济的发展已经是从前不能想象的，人们也变得越发地爱过节日了，国庆节国家更是放一周长假，新年也要放七天。普通老百姓也如此，不仅春节这样的节日开始送礼物，新年也一样开始送了，不管多少、大小，总是大家的一份心意。即使是在虚拟的网络上，也有虚拟礼物在传递着。人间自有真情在，亲人朋友在想着你的时候，你是不是也在想着他们呢？不要吝啬你的电话费、你的一点点金钱，给他们一个消息或送他们一些小礼物吧，你的一点点心意就会带给关心你的人、爱护你的人一个快乐的节日。

可见，节日祝福虽然对我们来说仅仅是一句简简单单的话或者一张小卡片、一件小礼物，但是对我们祝福的对象来说，却是一颗真诚的心、一种挂念的温暖，是永远感动的瞬间之一。节日里的祝福，增进了我们和朋友之间的感情，往往能让我们和他们之间的联系更加紧密，从而获得他们的信任。

在朋友需要时做"及时雨"

朋友是我们受伤时的一剂良药，是我们行走时的一根拐杖，是我们过河时的一艘大船，它是不能用物质和金钱来衡量的资产。既然朋友对我们能够真心以待，那么我们对身边的真心朋友也应该同样如此，做他们需要的"及时雨"，为他们排忧解难，只有这样，我们才能对得起朋友，才能占据朋友心中那块最重要的位置。

在我们的心中，真正的朋友是能够在我们有困难的时候及时出现并帮助我们的人，是我们人生路上的伙伴，他们替我们遮风挡雨，替我们分忧解愁，为我们消除心理上的痛苦，抚平心中的创伤；真正的朋友，不管离我们多远，在我们开口寻求帮助的时候，都会伸出友谊之手，拉我们一把。朋友是我们受伤时的一剂良药，是我们行走时的一根拐杖，是我们过河时的一艘大船，它是不能用物质和金钱来衡量的资产。既然朋友对我们能够真心以待，那么我们对身边的真心朋友也应该同样如此，做他们需要的"及时雨"，为他们排忧解难，只有这样，我们才能对得起朋友，才能占据朋友心中那块最重要的位置。

在朋友需要的时候做"及时雨"，这要求我们有一种能为朋友付出的动力。其实，帮助了朋友也就是帮助了我们自己，毕竟，多一个朋友多一条路，多一个真心的朋友，就会令我们一生受益匪浅。但是，真心的朋友不是想有就有的，需要我们付出真心的关怀和友谊，只有在朋友遇到困难的时候帮助了他们，我们才有可能获得他们的真心。《水浒传》中，宋江就有一个"及时雨"的外号。宋江原来本是山东郓城县里的一个小当差的，长得很黑很矮，也没有什么才能，可以说要相貌没相貌、要文才没文才，放到现在就是一普普通通的人。但是这宋江有一点非常突出，那就是喜好帮助朋友，能够仗义疏财，不管是认识的还是只闻大名不见其人的朋友，他都能够在他们有难的时候及时地伸手帮助，所以凭借着这一点，宋江在江湖上得到了个"及时雨"的外号。在以后的梁山聚义之时，一百零八个好汉，本事比宋江大的有的是，但是大家都佩服宋江的仗义，所以推举他坐了头把交椅，成了梁山上的老大，这全靠宋江平时真心帮助朋友博得的感情。

假如我们在朋友有困难的时候视而不见，或者我们在朋友向我们开口求助的时候推三阻四，那么就会伤及两人原本很好的感情，使我们今后处于被动的地位。真心帮助一个需要帮助的朋友，这会让被帮助的朋友永远铭刻在心，在以后的日子里，我们会收到他们百倍的回报。

小李是一个在北京工作的外地人，他一直想有一套自己的房子。小李租住的房子，每个季度开始都要给房东3个月的房租，这也是一笔很大的开支，眼看着北京的房价一天天在涨，所以小李决定趁着十月份北京房源供应量最大的时候买一套房子。

小李手头上只有5万的存款，买房首付远远不够，所以打算向朋友们借钱周转一下。小李给关系亲疏不同的朋友一一发去了短信，因为害怕打电话直接借钱会显得尴尬。总共问了20多个朋友，让小李的心里酸酸甜甜，知道了什么才是真正的朋友，什么人不能称为朋友。

小李首先给最好的朋友小张发了短信，一来小李自认为与小张关系比较好，二来知道小张现在的工作很稳定，收入也很高。小张回复说，她最近打算开个店，不能借给小李太多，最后打给小李一万，小李感动了很久，不管钱多钱少，总是感觉朋友在他困难的时候伸出了援手，自己还是很幸福的。

还有一个朋友，是小李上大学时的室友，毕业后也一直保持着联系，她结婚的时候，小李还跑过大半个中国去给她主持婚礼。由于人家刚刚结婚，小李便选择了在最后给她发信息，真的没有抱什么希望，也真不太好意思开口向人家借钱。但后来的事情让小李非常意外。星期天的早晨发了信息，没过几分钟她就打电话过来，问小李还差多少，小李告诉她需要的全部数额，她说那就都给你吧，省得你再管别人借了。小李连忙说不，说你刚刚结婚，怎么能一下子拿那么多的钱？她说，没关系，自己平时还是有点积蓄的，我马上就出门去银行打给你。小李想，这就是为什么她结婚的时候，即便他有一千个借口和困难可以推托不参加她的婚礼，却依然跑去广州给她主持婚礼的原因，就是因为在这么多年的交往中，自己发现她是一个重情义的朋友。

有一个朋友，是小李大学时认识的另外一个学校的朋友，这些年一直保持着联系，平时聚会的机会不多，不是那种称兄道弟的朋友。小李是在QQ上给他发的信息，问他是否能帮上忙，小李和他在QQ上的对话不超过20句，他说没问题，什么时候用就给他打电话。交首付的前一天，银行卡里收到了如数的款额。让小李感动的是，一个平时没有多少联系的朋友，就以这么平和的方式帮了自己，同时还让自己不失体面。

有一个朋友最后也借了钱给小李，她之前在电话里一直提到自己和老公又要买一套新房子，还要把买车的配置提高，所以手头钱不多，并且一直问小李还款的日期，弄得小李差点不想管她借了。后来，人家还是帮了忙，只不过这个忙帮得让小李心里不舒服，觉得欠了她很大的人情。后来朋友劝小李，毕竟人家帮了你，比起那些不闻不问的朋友好多了。说的也是，不过小李也总结了一点，但凡以后自己要帮助别人，一定要给人家留面子，不能让受助者低三下四。

还有一个朋友，一个人在西北工作，由于刚刚毕业，工作没多久，所以工资根本不够自己的生活费，她十一放假回家向家里要了5 000元钱借给了小李。而小李之所以跟她开口，因为她们在大学里谈过这个买房子的话题，小李说"以后问你借钱的时候，一定要借给我啊"，小李只是想看看她是否记得当年的承诺。谢天谢地，她还记得，并且仍旧把小李当朋友。

还有个朋友，拿出了明年的学费打给了小李，她说只要明年开学前还给她就好了，其实小李知道她在天津挣得不多，但一直以来都是那种特别仗义的朋友，认识8年了，从来都是有求必应，一个人不在乎他有多少，关键是他有多少给你多少。

做朋友的"及时雨"，这样才能彰显出我们对他们的重视，获得他们真心的回报。

上 篇

社交博感情——助你社交如鱼得水

Chapter 4 　维系感情比培养感情更重要

一些人在与陌生人结识之后，会很快与他们成为好朋友，并且在遇到困难时，这些新结识的朋友会竭尽全力地为之帮忙；此外，这些人的老朋友也一直守候在他们身边，无论是在什么情况下，他们在流年更迭中所积累的情感，会始终如一的成为其最有力的后盾。而另外也有一些人，他们在很多时候与一些人的结识只停留在表面的"萍水之交"，即便是多年的老朋友也渐渐失去联系，当某一日需要某个朋友帮助时，才突然想起这个人，但却为时已晚，或者因为久未联系而杳无音讯，或者因为疏于联系而不具有"肝胆相照"的情感基础。一些人无论在什么时候遇到麻烦或需要支持时，身边都会有"及时雨""雪中炭"，而一些人却常常在需要帮助或支持时，明知某人有能力帮助自己，但却不好意思张口或张口之后遭遇对方的委婉拒绝。同样是与朋友相处，为什么会有如此不同的两种情况存在呢？这其中的关键因素则在于你是否做到了感情的维系。

平时多烧香，切莫临时抱佛脚

在社会人际关系交往中，最忌讳的就是"现用现交"的这种社交方式，这样的方式不但不会使你得到预期的收效，有时反而会让对方感觉你是一个"见风使舵""趋炎附势"之人，会使对方对你产生反感或不良印象。总而言之，社交之中的情感维系，要时刻铭记一点：平时多烧香，切莫临时抱佛脚。

在生活中我们经常会发现，一些人在与陌生人结识之后，会很快与他们成为好朋友，并且在遇到困难时，这些新结识的朋友会竭尽全力地为之帮忙；此外，这些人的老朋友也一直守候在他们身边，无论是在什么情况下，他们在流年更迭中所积累的情感，会始终如一的成为其最有力的后盾。而另外也有一些人，他们在很多时候与一些人的结识只停留在表面的"萍水之交"，即便是多年的老朋友也渐渐失去音讯，当某一日需要某个朋友帮助时，才突然想起这个人，但却为时已晚，或者因为久未联系而杳无音讯，或者因为疏于联系而不具有"肝胆相照"的情感基础。一些人无论在什么时候遇到麻烦或需要支持，身边都会有"及时雨""雪中炭"，而一些人常常在需要帮助或支持时明知某人有能力帮助自己，但却不好意思张口或张口之后遭遇对方的委婉拒绝。同样是与朋友相处，为什么会有如此不同的两种情况存在呢？简而言之，这就是由于平日里维系与朋友间情感的不同态度所导致的。

正所谓"有备无患"，与他人交往也是这样一个道理，这其中的"备"特指平日里的感情维系。情感是需要用一颗真心去经营的，在生活中，我们会遇到各种各样的人，而其中一些对于我们自身发展有价值的人能否成为我们的人脉，能否在关键时刻体现出他们的价值，关键则在于我们平日里的经营做得是否到位。任何事情都是先有耕耘而后有收获，如果我们没有情感与人脉的耕耘在先，那么我们又怎么指望他人给予我们"收获"呢？要知道，在社会人际关系交往中，最忌讳的就是"现用现交"的这种社交方式，这样的方式不但不会使你得到预期的收效，有时反而会让对方感觉你是一个"见风使舵""趋炎附势"之人，会使对方对你产生反感或不良印象。总而言之，社交之中的情感维系，要时刻铭记一点：平时多烧香，切莫临时抱佛脚。

有这样一则寓言故事：在一座深山中，住着一群猴子，它们在深山里面建筑了一个自己的王国，过着无忧无虑的快活日子。有一年，这个猴子王国的王后生下一对双胞胎兄弟，这一对小猴子与众不同，它们浑身长满了金色的毛，像传说中的金猴子一样，所以国王、王后以及深山中的猴群都非常喜爱这两只小猴子，认为它们是上天赐给它们猴子王国的未来君主，它们认定这两只猴子将来会神通广大、智慧超凡。渐渐地，这两只小猴子长大了，它们果然聪慧无比。只是这两只小猴子的行为处事方式截然不同，小猴子弟弟为人特别亲切，而且乐于助人，当其他猴子遇到困难时，它都会鼎力相助，还经常与猴群在一起玩耍，并且对所有臣民都一视同仁。而小猴子哥哥因为自己本系国王之子，又被誉为猴王的继承人，所以它觉得他人只会有求于自己，而自己永远不会有求于他人，因而它对待其他的猴子非常冷漠，无论是谁发生了事情，它都觉得事不关己，还经常笑话弟弟傻气，干吗老是为了那些无名之辈令自己伤神。可是小猴子弟弟不以为然，它觉得大家生活在一座山中，就是家人与朋友，理应相互照顾。

后来，远方的人类得知了这座深山中居住着的两只金毛小猴子是绝世之宝，便起了歹心，组织了一支队伍到深山里面来捕捉这两只金毛猴子。人类在深山里观察了一段时日，便根据小猴子出没的路径制订好了捕捉计划，最终捉到了两只金毛猴子，并将它们带出了深山，关在一个村庄的地牢里。在这两只小猴子小的时候，曾经有一个巫师告诉过它们，在紧急情况下只要在自己身上拔下一根金色的猴毛，将它弯曲成一个小圈，对着小圈喊话，深山里的猴群便会听到它们的呼救，而且会通过话音准确判断出它们的位置。这时，这两只金毛猴子在无助的情况下，一下子想起了巫师的话，于是它们就分别按照巫师的说法去做了。过了两个时辰之后，猴群果然出现了，它们扑向看守牢笼的人，将他们的眼睛抓瞎了，而后迅速将已经受伤的小猴子弟弟抬起来，逃离了出去。但是，没有一只猴子去营救小猴子哥哥。这时小猴子哥哥大声喊："你们这群猴子，快来救我啊，把我也救出去啊！只要你们把我也救出去，我以后一定会不惜任何代价地报答你们！"谁知，这时一只猴子说："这样来营救你们已经很冒险了，只是我们想到平日里你弟弟对我们的好处才冒险前来的。现在我们如果再带着你肯定跑不快，现在趁着人没来，你还是自己想办法爬出去吧。"结果，这只猴子哥哥刚吃力地爬出不远，便被追捕的人给抓回去了，后来任凭它拔光了身上的金毛来呼救，也没有一只猴子来救它，于是它在绝望中死去了。而它的弟弟在两年后做了国王，得到了全体臣民的拥戴。

这个故事留给人们的深刻启示便是，要想在危急时刻有人挺身相助，就必须在平日里多亲近他人、多与人为善，以此保持与他人感情基础的坚固性。在这个故事中，小猴子哥哥因为平日里从来没有经营过它与其他猴子之间的感情，不与它们玩耍也不帮助它们，因而在绝境之中即便它诚心哀求也没有任何一只猴子前来搭救它；而小猴子弟弟在平日里就和猴群们亲近有加，而且时常挺身相助，所以在它遭遇危机时，猴群会冒险前来营救。

一个人唯有经常关爱他人，才会在人生路途上收获到他人所给予的"雪中炭"；一个人唯有经常帮助他人，才会在自己需要帮助时得到他人所给予的"及时雨"，平时不烧香，临时抱佛脚，很难得到"真佛"的眷顾。因而，维系情感、平日多多亲善永远是你稳固人脉的良方。

有事没事常联系

人与人之间的情感互动都是在相互交流与沟通之中完成的，人与人的交往其本质就是一个交流沟通的过程，而沟通与交流靠什么？无疑就是彼此间的联系。尤其是对于那些新结交的朋友而言，如果没有足够的联系沟通，便很难建立起相互了解、相互亲密的感情。因而，我们说"有事没事"常联系才是博得人际情感的交友之道。

我们都知道人脉与人际情感对于一个人人生发展的重要性，那么要如何才能有效地做好情感维护呢？正所谓"欲引源，先修渠"，而社交之中的感情之渠要如何修筑呢？显然，相互联系才是最佳之计。要知道，人与人之间的情感互动都是在相互交流与沟通之中完成的，人与人的交往其本质就是一个交流沟通的过程，而沟通与交流靠什么？无疑就是彼此间的联系。试想，如果你和一个人几个月甚至三年五载都不联系一次，那么你与这个人之间再深厚的感情也会淡化。虽然说"距离产生美"，但对于这个距离要把握有度，如果你不能与他人保持一定的联系沟通，彼此间的亲密感便会很容易消失。尤其是对于那些新结交的朋友而言，如果没有足够的联系沟通，便很难建立起相互了解、相互亲密的感情。因而，我们说"有事没事"常联系才是博得人际情感的交友之道。

在一次社交演讲时，王艳曾讲述了自己亲身经历的故事。王艳是一位公司的秘书，工作非常忙碌，经常加班。而且，她一有时间还要陪孩子、陪父母，处理很多生活中的烦琐之事。因此，渐渐地她和朋友之间联系得越来越少，不再经常给朋友们打电话、发短信，即便是上网也大多都是隐身状态，很少与朋友们聊天。在节日里，通常都是忙完了一天之后，她才想起来都没有给朋友们发一个问候与祝福的信息。有时候，朋友们聚会邀请她参加，她也总是以工作太忙、要加班、孩子生病了等种种理由推掉了。就这样过了几个月，王艳的生活似乎渐渐地与社交场合隔离了，她每天忙碌在自己的生活圈子里，除了单位就是家庭。

一年以后，孩子要上幼儿园了，王艳想找一家条件比较好、费用又不很高的幼儿园，但是她奔走了很多处，都没有找到一个合心意的幼儿园，要么就是条件不好，要么条件好一些的费用又承担不起。王艳想不出办法，忽然间就想起了一个朋友，她的这个朋友认识这方面的熟人，能帮忙给她以低学费找到一家好的幼儿园。于是王艳就给这个朋友打了电话，在电话里说："李刚你好啊，我是小艳啊，好久没联系了，最近还好吗？"谁知对方却没有记起她是谁，在电话里问："哦，请问您是哪位啊？我怎么好像没有印象呢？"王艳耐心地提醒说："哎呀，你真是健忘啊，我是王艳。我们单位联谊时你还邀请我跳过舞呢！后来你和妻子出去旅游，还邀请过我和我老公呢，只是当时我忙，没能去。”这时对方想起了王艳，可是口气还是很冷淡，不冷不热地问：“哦，您还真是忙啊，我们几对年轻人一起出去玩，您都没能参加，还真是遗憾。怎么，您找我有什么事吗？”王艳此时感觉非常尴尬，但为了孩子还是直白地把事情讲了出来。可是对方依旧不冷不热地回答说：“这样啊，那真的很抱歉，我现在已经不做以前的工作了，和那些负责这方面工作的人也没有什么联系了，所以真是心有余而力不足啊。”王艳很遗憾地挂断了电话，她非常清楚这个叫做李刚的人无论是否换了工作，只要他开口找人帮忙，这件事轻而易举地就能办成，但是现在自己因为和人家没有什么交情，也不好强求人家给自己办事。想到这里，王艳非常后悔自己以往的疏忽，如果自己平日里能多和李刚联系一下，在人家好心好意邀请自己去玩时尽量去参加大家的活动，现在也就不会发生这么尴尬的事情了。

通过这件事，王艳彻底改变了自己封闭的生活方式，她经常和朋友打电话，上网时也会和在线的朋友寒暄几句，如果大家邀请她参加什么活动或者出去吃饭，她都尽量安排时间去参加。这样一来，王艳渐渐地恢复了工作之前的生活状态，她结交了很多朋友，也稳固住了很多朋友。这时王艳终于发现，人与人之间的联系交流是多么的重要。

王艳的故事给我们留下了深刻的启示：如果你和他人之间失去联系沟通，那么你就如同生活在荒岛上一样，在你最需要帮助的时候会突然间发现自己已经陷入了“孤立无援”的处境之中。

有事没事常联系，不是说以简单的表面文章来敷衍了事，这样只会让对方反感，而是说要以真心的问候、嘘寒问暖等方式让对方感觉到你时刻都在记着他、惦念他、牵挂他，这样才会使你在对方心中逐渐形成一种“情感地位”，从而才会在你需要帮助的时候，在第一时间给予你最有力的扶持。要知道，以真心与人交往，彼此间便会形成一种具有亲密感的心灵贴近，这样便会达到一种同化效果。例如，在节日时打个电话给朋友；在朋友生日时，送一份祝福给朋友；休息时多约朋友出去参加一些活动，哪怕只是简单的吃个饭；朋友邀请你参加他的活动时，你尽量去参加；许久没有朋友的消息时，主动联系一下朋友，询问一下他的近况；得知朋友遇到困难时，主动伸出援助之手。与他人联系的方式有很多种，关键在于你是否能够用心记住你身边的人。

登门拜访，叙旧迎新

登门拜访，这一交往方式不但必要，并且它有着电话沟通、酒店邀请等交流方式都不具备的优越性与独特作用：登门拜访可以在别人内心中形成更强大的"攻势"，起到一种加强亲密感与情感催化的作用。那么，登门拜访在人际情感维系中究竟具有怎样的独特意义，又该如何做到恰如其分的登门拜访呢？

在现代生活中，做客串门似乎已经成为久远年代的回忆，现代社会都市生活中的人们都习惯了"闭门生活"，很少在家里接见客人，更很少到他人家里去做客走动，电影、电视里所描述的那种"邻居相逢不相识"的场景早已成为现实生活中司空见惯的事情。有时候，有事需要到他人家里拜访，还会思量再三，觉得去人家里会不会突兀、会不会让人厌烦。这样的生活局面是现代都市生活的共性，但共性并不代表合理与正确，其实人与人之间的交往，登门拜访是必要的。这一交往方式不但必要，并且它有着电话沟通、酒店邀请等交流方式都不具备的优越性与独特作用：登门拜访可以在内心中形成更强大的"攻势"，起到一种加强亲密感与情感催化的作用。

登门拜访可以在人的潜意识之中形成一种特殊的亲近感。家是一个人心灵的避风港，家的意义象征的对象都是那些比较亲近的人，比如最亲近的亲戚和最亲密的朋友才会成为一个人家中的常客。因而，从心理学分析，如果你经常到某一个人的家中拜访，对于你这个人便会在其内心形成一种与他人不同的亲密感，会把你归为"最亲近"的那一类别，这样便很容易稳固住你们之间的情感基础，增进彼此之间的情感深度。

登门拜访可以在交谈之时形成一种更为融洽的氛围，消除僵硬的社交心理。很多情况下，登门拜访更容易形成一种轻松愉悦的相处氛围，尤其是在有事相求时，登门拜访更显诚意，你携带着得体的礼物登门拜访，会让对方感受到你的真诚与迫切需要，并且在家中这一特殊的无设防的私人环境下交谈，远比酒店饭桌更容易产生一种融洽氛围，不会导致过多的僵硬或尴尬，会给彼此间营造一种舒适感。

登门拜访更容易让人忆起往昔的温馨与曾经相处的点点滴滴，增进彼此之间的珍惜感。想一想，你到朋友家做客，和朋友边喝茶边叙旧，一起回忆、谈论你们曾经相伴的岁月，你们一同经历过的风雨波折、喜怒哀乐，你们之间最值得纪念的往事，这样的情景是不是会在彼此内心产生一种感怀呢？会不会让你感受到一些东西与一些情感是多么值得珍惜呢？这时，你们一起畅谈未来、理想、人生，会不会感觉到有一种共鸣的力量将你们的内心越来越紧地贴在一起呢？这就是登门拜访、叙旧迎新的艺术所在，它会让人与人之间的情感以一种最为亲密的方式牢固、深化。

登门拜访，无疑是社交方式之中非常具有"攻心"效果的一种维护人际情感的交流方式，这样一种交往方式同时也是一种社交艺术，一些细节之处必须要好好了解、掌握。登门拜访的艺术如果能够掌握通透、运用自如，那么便可以达到事半功倍的效果。然而，如果做得不合常理，很有可能导致事倍功半的结果，甚至会因此使对方对你产生厌烦感。那么，登门拜访的艺术关键在哪些方面呢？

登门拜访要事先预约，告知对方。你到别人家里做客，不打招呼就突兀而至是最大的忌讳，这样的做法既不礼貌也不合乎常理，会让对方措手不及、毫无准备，并且会对你产生极大的反感，认为你是一个不懂礼数之人。现代社会信息沟通这么方便，在你要去他人家里之前，一定要事先给对方打一个电话，通知对方，询问对方这个时间是否方便。即便你在几天前已经告知对方在今天的某一时间会去他家里做客，但去之前你也要打电话确认一下，以防对方遗忘，同时也可以给对方一个准备。

登门拜访要准时到达，如约而至。迟到或者失约是一种非常不礼貌的行为，尤其是你约好要到他人家里去做客，他人一定会为你的到来而费心做一番准备，或者是茶点，或者是饭菜，哪怕只是因为你的到来而费心地收拾打扫了一遍家中的卫生，这些都是对你的尊敬与礼貌，而你的迟到和失约是对对方这一片心意的不重视与不尊重的体现，即便对方不好因此而恼火，但你的行为也会造成对方心理的失落。因此，如果你约好了拜访时间，就一定要如约而至，如果真的因为意外情况而迟到或失约，一定要用诚意向对方道歉，并向对方解释清楚，以取得对方的谅解。

登门拜访要礼貌有加，问候致意。到别人家中做客，问候与言行礼貌是必须遵守的原则，否则你会被人轻视而招致反感。当你进入别人家中时，要问候你的拜访对象，而后要问候他的家人。如果他的家中有其他客人在场，你千万不可视而不见，而是要礼貌地与客人打招呼、致以问候。另外一些礼貌细节绝不可忽视，比如：自身物品的摆放，外套、手提包一定要按照主人的要求去挂放，鞋子要按照主人的要求换好；到别人家中做客一定要穿一双干净的、没有异味的袜子；不要乱看主人家的房间，如须参观一定要在主人的带领下进行，尤其不可私自进入主人的卧室；在交谈时切忌东张西望地环顾主人家的客厅与室内环境，要表现出得体的礼仪风范。

礼尚往来

礼尚往来是中华民族的社交美德，更是现代社交增进情感、维系双方和谐关系的根本原则。人与人之间的交往是一个互动的过程，"一馈一赠"

才可维持这种互动过程的平衡。唯有懂得"投桃报李"之人，才可能结交到更多朋友并与他们建立更深的情谊，以此逐渐积累自己的人脉。

《礼记》中说："礼尚往来，往而不来，非礼也；来而不往，亦非礼也。"这句话所强调的就是礼尚往来在人际交往中的重要意义，在人与人之间的交往中，一定要懂得"投桃报李"之道，这样才能形成一种平衡的、逐渐加深的情感关系。卫武公曾说："人以桃馈我，我以李报之，乃合乎情理。或言小羊生角，则欺人矣。"

礼尚往来是中华民族的社交美德，更是现代社交增进情感、维系双方和谐关系的根本原则。人与人之间的交往是一种互动的过程，"一馈一赠"才可维持这种互动过程的平衡。

举一个简单的例子，如果你有两个朋友，最初你对他们都一视同仁，以坦诚与真心对待他们，经常向他们致以问候、给予帮助。而他们中的一个人很懂得珍惜你的这份情谊，并且以同样的态度来对待你，在交往中你约他们一家出去吃饭或者游玩，他们一家一定会在适当的时机也邀请你；而另外一个人则好似一只"只会吃不会吐"的铁公鸡，从来不主动与你交往，你邀请他，他就出席，你帮助他，他会认为理所应当。久而久之，你更愿意与他们两个之中的哪一个人交往呢？无疑，你会同前者越走越近，感情也越来越亲近，他遇到什么难处你都愿意尽全力地去帮助他；而对于后者，你会渐渐在内心形成一种疏远感，不会再一如既往地主动与他交往，也不会心甘情愿地再给他帮忙。

那么反过来思考，在你与他人的人际交往中，如果你像前者一样以"礼尚往来之道"去对待他人，他人是不是会更愿意与你亲近、更愿意给予你帮助与扶持呢？如果你如后者一样做一只"只会吃不会吐"的铁公鸡，他人还会把你当成真正的朋友去对待，在你需要时给予你最大的支持与帮助吗？显然，唯有懂得"投桃报李"之人，才可能结交到更多朋友并与他们建立更深的情谊，以此逐渐积累自己的人脉。

在春秋时期，孔子在家乡广收弟子开办学堂、开坛讲学，渐渐声名远播，在社会中成为颇具影响力与威望的人士。当时，孔子的才德、思想、威望引起了鲁定公的重视，于是他经常邀孔子到宫中讲学。孔子经常进宫，引起了一个人的注意，这个人就是季付的总管阳虎，他非常崇拜孔子，因而经常到孔子学堂去拜访孔子，可是每次孔子都借故不见他。因为孔子觉得这一类大公馆总管之辈，多少有些不懂学术礼仪，是只会攀龙附凤之道的势利之徒。有一天，孔子外出归来，看到他的学生们正在吃一只烤乳猪，便很奇怪，就问学生们这烤乳猪是哪里来的，学生们回答说，是阳虎送的。孔子更是奇怪，就接着问阳虎为什么要送烤乳猪给他们吃。学生们回答说，因为前几日有两个新来的学生在街上遇到阳虎，觉得和他谈得来，就将自己从家乡带来的特色小吃送给了阳虎。阳虎为了表示感谢，就送了一只烤乳猪来给他们。孔子闻听，顿觉阳虎与他人不同，自己以前是误会阳虎的为人了，于是第二天就去阳虎家拜访了阳虎。

孔子为什么会突然间一改往日对阳虎的认识呢？因为他通过阳虎回赠烤乳猪的事情，发现阳虎是一个懂得礼尚往来之道的人，阳虎对于自己学堂新来的学生都能够做到礼尚往来，这些贫寒的学生馈赠他一点小吃，他就会用一只烤乳猪来回报，可见他不是只深谙攀龙附凤之道的趋炎附势之辈，而是一个以诚心待人、知书达理的人物。

通过这个故事，我们可以看到礼尚往来在孔子心中以及古代思想文化中的重要地位。礼尚往来不仅仅是一种增加彼此亲近感、维系彼此间情感稳定的有效方式，它更是一个人气度风范、为人品性的体现，它代表了一个人的基本礼貌素质与品性素质，也代表了一个人的一颗懂得感恩回报的心。因而，在为人处世中懂得礼尚往来的人，会更易赢得他人的认可、尊敬、信任。

礼尚往来作为社交之中处理人际关系的基本准则，简言之就是一种回报之心、感恩之心的体现，就是要求人们在接受情谊、馈赠、帮助等他人所给予的温暖与关怀时，要将其铭记在心，并做出适当得体的回报。在日常生活中，礼尚往来还表现在人与人之间的互动交流中你敬我恭的相处方式，是一种礼数所约束的个人素质范畴。礼尚往来并不是仅仅表现在很多大事的回报与感恩之中，而是处处体现于细微之处、生活之中，例如，他人请你吃饭，你在适当的时机回请他人，这就是礼尚往来；他人参加你的婚礼或者生日派对等活动，你就要参加他人所举办的各种相关活动，这也是礼尚往来；他人给你家的小孩子买衣服、送压岁钱，你也要将这份人情还回去，这同样是礼尚往来。简而言之，礼尚往来就是要"还人情"，在与人交往中，人情是必须要还的，虽然人情是一种最难还的东西，但"人情"一定要在适当的时机、以适当的方式给予回赠。

助人就是助己

哲人说："欲收获爱，先播洒爱；欲得他助，必先助他。"从这个角度讲，一个人关爱他人就是在关爱自己，帮助他人就是在帮助自己。唯有你施善在先，才会在你有所需时得到他人的施善。一个人要懂得，帮助他人就是在为自己的人生发展铺筑路基，你的施助就是在为你自己的人生存积光明与温暖。

古人云，"善有善报，恶有恶报"，讲的是经常行善之人必得善缘。正所谓"得道者多助"，你在生活中经常施善于人，就一定能够得到他人的善待，这是一个浅显易懂的道理，就如同"种瓜得瓜、种豆得豆"一样简单，你在他人内心播洒爱与温暖，你的真情耕耘一定会使你收获到他人所给予你的爱与温暖。哲人说："欲收获爱，先播洒爱；欲得他助，必先助他。"从这个角度讲，一个人关爱他人就是在关爱自己，帮助他人就是在帮助自己。唯有你施善在先，才会在你有所需时得到他人的施善。

多年以前，在古罗马的斗兽场上曾经发生过这样一个故事：一个叫做保罗的人有一次在斗兽场表演时，发生了一场意外。一只已经饿了很多天的狮子突然被放了出来，它圆睁着血红的眼睛向台上的保罗扑去，当时保罗被这突如其来的意外吓呆了，他蜷缩在墙角，紧闭双眼，心中默默祈祷。在那一瞬间，保罗心想自己一定在劫难逃，肯定会成为这只饥饿的狮子的腹中餐。已经饿到极点的狮子向保罗扑过去，将他按倒在地上，保罗紧紧闭上眼睛，等待自己的厄运。谁知，就在此时意外发生了，这只狮子在将保罗扑倒之后，突然间停止了进攻，并围着保罗不停地转圈，一边围着保罗转还一边以一种难以捉摸的眼神盯着保罗看。大约一分钟之后，这只狮子突然停下来，卧在保罗身边，用头亲昵地磨蹭保罗的身体，还用舌头温顺地舔着保罗的手和脚。在场的人全部惊呆了，不知道这其中的缘由究竟是什么。

原来，就在一年以前，保罗在一次登山时，在路边遇到了一只受了重伤的狮子。当时保罗对同行的人说应该留下来把这只狮子救活，可是同伴却不以为然地说："保罗，我们还有很重要的事情去办，一定要快点到达山顶，而且你怎么救它啊？就算你给它包扎好了，没有人照顾它，它也会死掉的。难道你还要留下来照顾它吗？就为了一只狮子耽误了正事可不值得。"但是保罗坚持要留下来，于是他的同伴自己走了。当时，保罗细心地为狮子包扎了伤口，还特地留下来照顾他，一直等到狮子基本痊愈、没有生命危险了才把它送回森林。在斗兽场上扑向保罗的这只狮子，就是他当年所救下的那一只。狮子正是因为认出了保罗，才没有伤害他。在场的人听保罗讲述完之后，无不感叹地说："保罗，你救下的不只是一只狮子，而是你自己的命啊！"的确，如果当年保罗和同伴一样，弃狮子于不顾，那么今天狮子还会对他"口下留情"吗？

保罗播撒了一颗善的种子，使他收获了第二次生命。这个故事令人感动，动物都如此懂得知恩图报，更何况是人呢？一个人的真心可以换来一只狮子的感恩，那么一个人对待另一个人的真情，可以换来的不就是人与人之间的真情吗？当你用你帮助他人的行为收获到他人所给予你的扶助时，你的施助行为最终所帮助到的难道不是你自己吗？

在美洲有一个女人，丈夫去世了，她一个人带着孩子孤苦伶仃地度日。后来在亲戚们的帮助下，她开了一家小餐馆。最初，因为餐馆小也没有什么特色，她的生意就很冷清。渐渐地，因为这个女人的善良和亲切使得餐馆有了一些回头客，凡是和她打过交道的人都非常喜欢她，因为这个女人非常真诚而且乐于助人。她的餐馆里经常来一些贫穷的人，对于这些贫穷的人她总是给他们赊账，而且从来不催着让他们还钱。当地有一些乞丐，所有餐馆对这些乞丐都"深恶痛绝"，唯有这个女人不但愿意施舍这些乞丐，在天冷时还会将他们请进店中，热好饭菜给他们吃。很多人都说这个女人心肠太好了，也有人笑话她干吗对这些下三烂的乞丐这样好。一天夜里这个女人的餐馆失火了，当时这个女人焦急万分、求助无门，谁知这个时候街头的乞丐们看到火光全部都跑来相助，在最短的时间内帮助女人扑灭了大火，将餐馆的损失降到了最低。在之后的几天里，这群乞丐一直都在帮助女人重修餐馆，使得这个女人的餐馆在最短的时间内照常营业。后来，这个女人的善良感动了很多人，当地的人们都喜欢到她这里吃饭。

试想，如果这个女人最初没有用一颗善良之心诚心诚意地去帮助那些乞丐，在她的餐馆遭遇火灾之时，谁会在第一时间跑来援助呢？无疑，女人的餐馆只会在火灾中毁掉，她会再度陷入困境之中。正是因为这个女人施善在先，在她最为危急的时刻，才会有人挺身而出，帮助她化解了危机。

在生活中，善意是最为通用的交际语言，你善良友好地去帮助他人，一定会得到他人同样善良而友好的回报；你真心实意地去温暖他人，一定会得到他人同样真心实意的温暖。一个人要懂得，帮助他人就是在为自己的人生发展铺筑路基，你的施助就是在为你自己的人生存积光明与温暖。

Chapter 5　社交中如何扩大感情圈

一个人拥有朋友的多少决定了自我发展空间的大小，在社会交往中扩大感情圈，无疑就是在开拓自己的个人发展空间，这其中的利害关系不言而喻。但是，社交之中的感情圈如何扩大，这却是一个让许多人感到棘手的问题。在社会交往中，人群各异，你要凭借什么来引起别人注意、赢得他人的好感，从而与不同人群建立融洽、和谐的交往关系呢？这样一种社交感情圈的开拓，其有利根基又在何处呢？显然，这其中是需要许多"善缘"的"广结技巧"的。在这一章，我们将全面介绍这些善缘的"广结技巧"，使你掌握诸多扩大社交感情圈的绝佳艺术，从而为自己的人生发展开疆拓土。有了这些交往技巧，你的社交感情圈的开拓将不再存在障碍，你的人生发展空间将会无限扩大。

熟人介绍：朋友的朋友也是朋友

我们天天上班，大部分时间面对的是办公室里的几个同事，下班回到家也只是和家人在一起，认识新人、扩大感情圈的途径其实没有多少。但是我们往往忽视了一个非常重要的资源，那就是我们身边的朋友，他们也有自己的朋友，假如我们能够通过朋友认识他们的朋友，这也是一种扩大感情圈的非常有效的方法。

扩大我们的感情圈，认识更多的朋友和"贵人"，从而有利于我们以后事业的发展，这是我们每个人都想要的。但是，我们天天上班，大部分时间面对的是办公室里的几个同事，下班回到家也只是和家人在一起，认识新人、扩大感情圈的途径其实没有多少。但是我们往往忽视了一个非常重要的资源，那就是我们身边的朋友，他们也有自己的朋友，假如我们能够通过这些朋友认识他们的朋友，这也是一种扩大感情圈的非常有效的方法。

我们要认识朋友的朋友，通常需要熟人介绍，这个所谓的熟人，十有八九就是我们身边的朋友，这样一来，朋友的朋友也就成了我们的朋友。当然，有时候，我们同朋友的朋友可能会比较生疏，除去以后相见时打个招呼之外，并没有什么具体的往来，这其实是一种正常的现象，毕竟，我们和他们之间还夹着一个共同的朋友，即使有事，我们也会通过朋友转达和相求。朋友的朋友关系处好了，也能成为我们真正的朋友，因为我们和他们都认识一个共同的人，在感情上很好拉近。当我们和朋友的朋友认识之后，我们就可以把他们发展成我们的朋友，这样，我们的朋友会越来越多，我们的感情圈也就相应地会越来越宽。

小王刚刚考上了一所著名学府的研究生，这圆了他多年的梦想。除了自己的努力之外，其实小王还要感谢一个人，这个人就是小王朋友的朋友小赵。当初，小王去另一所大学读书的朋友那儿玩。那个时候，小赵是小王朋友的上铺，他们之间的关系非常好，小王去了以后，朋友自然把小王介绍给了小赵，这样一来，小王和小赵彼此也算是认识了。以后小王再去朋友那里玩的时候，朋友总是叫上小赵，三个人一起出去爬山、划船，次数多了，小王和小赵也就熟悉起来了，他们成了无话不说的朋友。虽然熟悉了，但是小王觉得自己和小赵的关系也就是这样了，不会再往深处发展了，毕竟接触的次数也不是太多，也没有什么利益上的往来，比不上自己和朋友之间那种"发小"关系。实际上也的确如此，等到大家都毕了业，小王和小赵之间也没有再保持联系。

在去年的一天，小王想要考一所名牌学校的研究生，他很想找到那个学校往年的研究生入学考试试题和复习资料，但小王也没有什么同学在那所学校里面读书，所以很难找人帮忙。正在小王为此烦恼的时候，他脑海里一下子想起了朋友以前提起过小赵考上了那所学校的研究生，虽然他和小赵有很长时间没有联系了，但是小王还是决定去找一下小赵试一试。于是小王向朋友要来了小赵的电话号码，打通电话后，小王向小赵说明了自己的意图。没想到小赵听了之后，答应得非常爽快，二话没说，给他寄了自己先前的复习资料和往年的考试真题，更让小王感动的是，小赵竟然还寄来了他考研时补习班的听课笔记。正因为小赵的这些资料，小王复习起来才有了侧重点，不像别人那样胡打乱撞。最后，小王终于考上了那所学校的研究生，而且成绩还很高，高兴得小王一整夜都睡不着觉，他知道这些都是小赵提供资料的功劳，很及时也很关键啊！

有的时候，我们处于困难时期，可能我们的朋友帮不了我们，但是这并不意味着朋友的朋友也无法帮助我们。我们应当知道，我们的朋友也有他们自己的朋友，这也是我们的感情资源，因此我们可以把自己的感情圈扩展得再大些，把朋友的朋友也包含进来，这样我们就不愁在我们需要帮助的时候没有人能及时地伸出援手了。这类朋友，也许我们在平时意识不到有什么样的作用，但是在关键的时候，他们则有可能拉我们一把。

当然，对朋友的朋友我们也需要保持一些警惕，虽然朋友的朋友大多能成为我们的朋友，但是也不能排除其中的一部分人会带给我们一些意想不到的伤害。

小谢刚刚买了台二手轿车，想找家修车厂维护一下，一个朋友就介绍了他的一个开修车厂的朋友，说他能够把车子维护得很好又能便宜不少钱。十几天以后，小谢把车子开了回来，从外面看，整个车子的确是焕然一新了，朋友的朋友对小谢说，车子送来的时候很破旧，所以更换了很多的零件，下了一番大工夫，成本1 500元。尽管小谢开起来感觉和刚买来时差不多，但是还是一点也没怀疑地付了钱。后来，小谢遇到了车子原来的主人，说起这件事情，经他检查才知道这车子在修车厂只是简单地维护了一下，根本一个零件也没换，自然不值 1 500 元的维修费了。小谢找到朋友，但是朋友也不了解具体的情况，所以小谢只好到工商局投诉。工商局的工作人员后来了解到，修车厂只是进行了简单的维护，并没有进行大规模的维修，也没有更换什么零件，成本也就 600 元左右。这个修车厂欺骗了消费者，不但要退钱，还要接受处罚。

所以，人有各自的本性，我们在具体的交往过程中应该注意。

参加活动：走出自我封闭的小圈子

一些活动和聚会的场合比平常的环境更能增加我们结识新朋友的概率。走出自我封闭的小圈子，去结识更多的朋友，扩展自己的感情圈，这样才能让我们获取更多的人脉，让我们的生活变得更加美好，让我们的事业变得更加成功。

对我们来说，要想扩大自己的感情圈，可以通过参加各种各样的活动来走出自我封闭的小圈子，这是一个既可行又简单的方法。要想接触到办公室或者行业以外的人，可以通过参加各种各样的社团活动来扩大交友圈，扩大自己的朋友圈，从而让我们能够借助新结识的朋友的力量，帮助我们的事业达到一个新的高度。

参加社团活动或者朋友组织的聚会，可以让我们轻松地达到认识新朋友、扩大感情圈的目的。因为在平时，尽管我们有结交朋友的愿望，但是受社会整体环境的影响，太过主动地和陌生人接近，无疑会让他们产生警惕，甚至有一些人会对我们的热情很反感，认为我们主动接近他们的动机不良，所以通常我们会被对方不冷不热地拒绝。但是，我们如果是在一个活动或者聚会上主动地和陌生人接近，那么我们和他们之间的交流就会顺利自然，在一个特定的活动中大家很容易找到共同的话题，可以建立起良好的互动，从而结交到新的朋友，扩大我们的感情圈。也就是说，一些活动和聚会的场合比平常的环境更能增加我们结识新朋友的概率。

在参加活动的时候，我们应当尽可能地主动，争取认识更多的人。比如我们参加一些社团，最好能够担任一个职务，这样的话，在举办活动的时候，我们便可以利用职务的关系，得到比其他人更多的为他人服务的机会。当我们在活动中因为服务他人而和他人的接触增多的时候，自然而然地也就增加了和别人之间的联系，在这个过程中大家有了某些交流，在交流之中又加深了彼此之间的了解，接触的时间长了，我们和这些人也就有了相应的认识基础，并结下了初步的情感，为今后更加深入的交往埋下伏笔。

能够积极参加社团的人，大都具有下面三个特点：第一，在性格上比较勇敢，具有主动接近人群的意愿，不会因为害怕被别人拒绝或伤害而躲在家里面，不会满足于寥寥的几个朋友的小圈子；第二，这类人一般都想向别人证明自己是一个能够不断成长的人，因为在参加活动的时候，不管是演讲还是参与某些辩论，都是让人不断成长的机会和历练；第三，喜欢参加活动的人大多都是热心的人，他们喜欢做一些对别人有意义的事情，出于这样的动机，他们才会参加相应的活动，奉献出自己的时间和金钱，希望借助活动中大家共同的力量，造福更多的人。我们了解了喜欢参加活动的人的心理特性，这样就能有针对性地调整我们的心理状态和说话内容，因为这些人一般都比较健谈，所以对我们的主动交谈，他们都会乐于应答。因此，我们可以在交谈的基础上再涉及一些他们比较感兴趣的话题，这样就能更加快速地拉近彼此之间的距离。

因为兴趣爱好去参加一些活动，则能让我们更加自然地认识一些朋友。比如说一些宠物俱乐部、车友俱乐部、健身俱乐部、驴友俱乐部等等。参加这些活动，通过彼此之间的共同爱好激发大家交往的热情，再加上这些活动的经常性，便能够保证会员之间成为很亲密的朋友。

小张比较喜欢小猫，由于他想领养一只流浪猫，便通过网络加入了一个"猫友俱乐部",通过参加一些俱乐部组织的活动,从网络到现实,他认识了一大批爱猫的朋友。小张和这些人志同道合,在活动中从各自对猫的感情再到怎么养猫,聊得很投机,最后自然而然地就谈到了各自的工作和生活,甚至在这样的活动中,小张竟然认识了那个住在自己对门却不曾来往过的邻居。

小李刚刚买了一辆新车,他通过别人的介绍参加了一个"车友会"。这个车友会会不定期地举办一些活动,大家根据自己的时间报名参加周末的自驾游,或去郊外,多是周边的县市,小李在山水中和新认识的朋友一起烧烤,边吃边聊天,分享买车、用车、养车的心得体会。小李觉得自己的感情圈子一下子扩大了,在认识的车友当中,有大学里的讲师,还有网络公司里的工程师、电视台里的编剧、房地产老板、公务员等等各行各业的人。小李的生活在参加车友会之后也轻松起来,认识的朋友多了,办起事情来也就方便起来,比如想买冰箱,就给做厂家业务的车友打个电话,几分钟就可以搞定,既便宜又实惠。

小王在一所中学做语文老师,他很喜欢篮球,所以在下班之后总是到学校的操场上参加篮球比赛。学校里面喜欢篮球的老师们在下班之后经常举办篮球赛,参加的人当中不乏学校里面的领导,比如教务主任、副校长这类的重量级人物。小王通过篮球比赛活动,认识了很多自己平常在工作中接触不到的同事,更重要的是认识了学校里的几个领导,拉近了他和领导之间的距离。后来小王想贷款买房,需要学校的证明,所以小王就找到了学校分管行政的副校长。副校长和小王在篮球比赛中经常做队友,所以他二话也没说,就给小王的证明材料上加盖了学校的公章,小王因此顺利地拿到了银行的房屋贷款,他的工资收入也顺利地"涨"了五百。

多去参加活动,走出自我封闭的小圈子,去结识更多的朋友,扩展自己的感情圈,这样才能让我们获取更多的人脉,让我们的生活变得更加美好,让我们的事业变得更加成功。参加活动是我们扩展感情圈的一个捷径，让我们在认识别人的同时，也更加自信和乐观，在认识新朋友获得新助力的同时，增加了自己的竞争力。既然参加活动有这样的好处，那么我们何不多参加一些活动呢！

发起活动：创造曝光的渠道

我们如果想增加我们的感情吸引力，就要注意在别人面前提升自己的曝光度，这样别人才能够知道我们的存在、了解我们的为人，从而增加我们的吸引力，让别人有了解我们的欲望。那么，在社会交往中，我们要如何创造更多的曝光渠道，增加自己的有效曝光率呢？

参加活动固然能够结交很多的朋友，博得很多的感情，但是却比不上发起活动、组织活动引人注目。和参加别人组织的活动相比，我们自己发起一项活动，能够获得足够的曝光渠道，可以增加我们的知名度，引起别人的注意。

作为一项活动的发起人，我们的曝光率无疑会大大增加，来参加活动的人无疑都要先打听一下活动的组织者，如此，我们的名字就会被大多数人所知道。可见，我们如果想增加我们的感情吸引力，就要注意在别人面前提升自己的曝光度，这样别人才能够知道我们的存在、了解我们的为人，从而增加我们的吸引力，让别人有了解我们的欲望。所以，一个不想曝光自己的人，或者一个一旦面对陌生人就想逃避和退缩的人，由于不容易被人接近，容易让人产生距离感，而距离感又会产生排斥和厌恶的情绪。当然，我们组织的活动首先要有意义和价值，这样才能提高我们的曝光效应，一旦我们给人家留下的第一效应是我们组织活动的意义不好或者没有达到原来的目标而大打折扣，我们就会被越来越多的人所讨厌，这样不仅不能增加我们的知名度，反而会起到一个反作用，让我们留下相当负面的形象。我们可以想一想，在我们的身边，有没有经常"曝光"的人。

如果我们想给别人留下一个很好的印象，那么发起活动，经常性地出现在别人面前就是一个简单有效的好方法。

发起活动能够让我们经常性地出现在大家的面前，增加曝光率。当我们组织一个活动的时候，我们就能以一个组织者的身份和每个参加活动的人聊天、拉拉家常、送一些小礼物什么的，这样我们的人缘会好很多，感情圈也会扩大很多。经常性地出现，也就是我们所说的曝光，是增加感情的很重要的一个手段。我们可以想一想，那些经常在领导面前出现的人，是不是比另一些人更加受到领导的重用，更加讨领导的欢心？当然，我们这里所说的绝不是在领导面前拍马屁的那种人，这一切都归功于所谓的"露脸"，也就是曝光。其实，组织活动让我们自己曝光，也是需要一些技巧的，比如在活动中，吃饭时要同每个人礼貌地打招呼，碰到人的时候要一一寒暄问候，见面的时候保持微笑，让我们组织的活动尽量合乎大家的口味，尽量在活动中保持活跃的姿态等等。只要我们在见到人的时候不再低头走过，对我们来说，这次活动就已经提高了我们的曝光率了。发起活动，创造曝光的渠道，对我们的意义是很大的。可以打一个比方，比如一个人可能在第一次见面的时候觉得我们长得不怎么好看，因为以貌取人，他对我们的第一印象并不好。但是，在他参加我们发起的活动中，听到了很多别人对我们正面的议论，而且在活动中和我们有很多的接触后，他就会发现我们其实也不是太难看，甚至会觉得我们身上有一些别人所不具备的魅力，深深地吸引着他。这就是我们发起活动的意义所在，既增加了自己的曝光率，让更多的人了解了我们，也增加了我们正面的影响。

在我们发起活动的同时，我们也不要忘记赞美每个来参加我们活动的人。我们组织了活动，想要提高我们的曝光率，那么赞美参加活动的人则必不可少，这样能够给那些来参加我们活动的人留下一个深刻的印象。大家都知道，赞美是一种非常重要的交际手段，恰当的赞美能够很快地拉近两个人之间的距离，来参加活动的人也不例外，他们同样希望得到我们的赞美。其实，从本质上来讲，人性深处的最大渴望就是受到别人的赞美。在活动中，别人取得了成绩，作为发起者的我们，就要大声地表达我们的赞美之情，这样不但可以激发他们的上进心，有利于我们活动顺利多彩地开展，还能博得别人对我们的好感。我们的赞美满足了他们的自尊心，给他们带来了心理上的愉悦的情感体验。赞美也是我们组织活动的润滑剂，活动中的很多尴尬都可以用赞美——化解。我们的赞美有时候可以在我们不小心说错话的时候替我们解围，让我们摆脱尴尬的处境。

所以，发起一项活动是增加我们曝光渠道的非常有效的途径。我们可以借助我们活动发起者的身份，和参加活动的每一个人进行交流，表达我们对他们来参加活动的感谢和赞美之情，增加自己在他们面前出现的次数，这样我们的曝光率自然而然地也就增加了。对我们来说，参加活动虽是经常的，但自己组织一项活动则可能会感觉很难，其实，发起一项活动虽然很难，但收到的情感回报却很丰厚，绝对值得我们去尝试一下。

关注网络：从虚拟走向现实

在我们现在的生活中，网络无处不在，它已经遍布我们生活的各个角落，深深地影响着我们的方方面面。但是，我们对情感的需要是实质性的，当我们和朋友在网络这个虚拟的世界中交流达到一定的程度时，仅仅靠着文字，已经远远不能满足我们和朋友之间的友谊了。那么，从虚拟走向现实，该如何去从容应对呢？

在我们现在的生活中，网络无处不在，它已经遍布我们生活的各个角落，深深地影响着我们的方方面面。一提到网络，我们就想到了QQ，想到了电子邮箱，想到了手机，这些虚拟的沟通方式已经成为我们的一种生活方式。各地的论坛、自己创建的博客等等，像一张无形的大网，将我们的生活都带进虚拟的世界里面。我们通过我们的双手敲打着键盘，形成了一个又一个没有距离的交往圈子，在这些圈子里面，没有性别，没有年龄上的差别，也没有社会职业和身份地位上的隔阂，现实中被人们看重的一切都不再是制约我们在网络中和别人交往的条件。于是人人都喜欢在虚拟的网络中畅游，结识一个又一个的朋友，乐此不疲。

现实的社会物欲横流，这让很多人觉得还是网络上人与人之间的交往比较单纯，没有什么物质上的牵扯，也没有什么隐私曝光的危险，因而在网络这个虚拟的世界里多了一份现实生活中不常见的坦然和真实，有的时候，在网络上，一个朋友圈子里面交谈的话题，会比现实生活中朋友之间的话题真实得多。

但是，我们对情感的需要是实质性的，当我们和朋友在网络这个虚拟的世界中交流达到一定的程度时，仅仅靠着双手敲击键盘，仅仅靠着文字，已经远远不能满足我们和朋友之间的友谊了。其实，随着现代科技水平的不断进步，语音视频技术让虚拟的网络交往逐渐走向了现实。在我们平常的生活中，一种在网上交流、在现实中聚会的生活方式已经开始出现并渐渐地流行开来。通常，我们会根据自己的爱好，先在网络上搜索相应的社交圈子，找到志同道合的网友，在虚拟的网络世界里进行交流，比如车友、驴友、球友、文友、游戏友等等，当网络上的交流达到一定的热度的时候，总会有人提议进行现实中的交流，"不如组织一些活动什么的"。所以，在一个所有人都没事的周末，网友们就会相聚在一起，依照先前在网络上约定的规则组织集体性的活动。这个时候，网络上的吧主、"群主"自然也就成了活动的发起人和组织者，活动的经费也是大家分摊，遵守严格的平均主义。这些活动大多是运动性质的，比如爬山是驴友的最爱，去球馆打球切磋是球友们的梦想，当然，也有组织酒会的，大家聚在一起吃吃喝喝，碰个面，认识一下彼此的"真容"，这也是增加感情的一种好方法。

当然，这种活动不光能够吸引圈子内的人们，也引起圈子外面人们的关注。这种由虚拟到现实的网友聚会，一般都会因为是彼此之间的第一次真实的见面而充满了热情和愉悦，而且网友彼此之间称呼的千奇百怪的网名，也会让周围的人产生好奇感。所以，一个现实中的聚会，就可能因为气氛的热烈和彼此之间称呼的另类而引起别人的围观，从而增加知名度，结交新朋友。

我们的社会在不断地发展着，我们的生活方式也因为社会的发展而不断地变化着。网络从无到有，从有到普及，我们的交往方式也开始从现实到虚拟再到现实，在这个过程中，网络无疑起着一个非常重要的作用，我们通过网络扩大了交流的范围，摆脱了地域上的限制，这一点是现实社会中很难做到的。

小李前些天在浏览本地论坛的时候，不经意间看到了一个驴友论坛版，版主正在组织一个舞会。小李非常好奇，就打开了网页仔细地看了起来，发现这里面搞得有声有色，版主经常组织现实中的户外活动，这无疑给广大的网友构建了一个从虚拟走向现实的很好的交友平台。只要对户外运动感兴趣的人，在这个论坛里注册一下，成为会员后就能参加他们组织的活动。于是，小李便参加了注册，成为会员之后报名参加了这次活动。

周末晚上六点，小李按时到了活动的地点，按照聚会活动举办人留下的电话打给了一个叫小雪的联系人，知道了舞会是在一家超市的二楼举行。小李来到超市二楼的舞厅，便看到了很多的人在舞池里欢乐地跳舞。在和联系人小雪签到之后，小李自己就找了一个位置坐了下来。七点半左右，为了一个"网外来聚会，真容真貌见分明，网上朋友网外谈，见面交谈讲真言"的目标，各路网友相继而来。因小李是新成员，来的都不认识，而别人极有可能是此前参加过群里面的户外活动，先前见过面，小李看着别人三三两两地坐在一块说起话来也不陌生，感觉是那样亲切。

坐了一阵，小李便约了一个人跳了一曲伦巴，因这种交际舞小李只在十几年前跳了一阵，时隔这么多年，舞步难免生疏，跳得也就比较僵硬。时间到了八点左右，旋转的霓虹灯下，小李看见一位女子径直朝他走来，她伸出手来热情地对小李说："你好，李路，我是绿叶。"小李忙不迭地伸出手去，纳闷地问："你怎么知道我叫李路？""是小雪告诉我的。""哦，这样啊。"此时的小李不禁仔细打量了一下绿叶，比他想象得要年轻得多：架着一副眼镜，一脸阳光，气色很好，举手投足之间透着一股高雅的气质。舞曲仍在继续，优美的旋律令人心旷神怡。跳完舞，大家坐在一起亲切交谈，此前神秘的网上聊天，如今的面对面交谈认识，小李见到了真实的他们，他们也见到了真实的小李。时间过得很快，不知不觉快九点了。此时小雪过来与小李交谈，得知帖上报名的虽然只有十几人，但到会的已达五十多人。小李知道，版主绿叶和小雪以及别的组织者为了聚会活动筹备一些相关工作，肯定会有一些累，但想着能为广大网友做点贡献，他们心里就有一种高兴和满足，像今天网友来得出乎意料的多，就足以证明他们前些天的工作没有白做。

小李在网络上报名，在现实中参加活动，就是典型的由虚拟走向现实的例子。网络是一个大平台，是我们结交朋友、扩大感情圈的重要途径。关注网络，从虚拟走到现实，这无疑是一种简单而有效的扩大情感圈的方式。

把握出行：人在旅途都是朋友

有句话说得好，人在旅途之中，人人都是朋友。出门在外，就会碰见许多的同路人，大家同是旅途中人，相互攀谈无疑是一种很好的消除寂寞的方式。其实，大部分人意识不到的是，我们在旅途中结识的路人也能成为我们的朋友。

我们在生活和工作中经常要出行，时间短的如天天坐的公交车，时间长的如出门旅行、探亲访友、出差，总之，人要生活和工作，就离不开出门。出门在外，就会有许多的同路人，大家同是旅途中人，相互攀谈无疑是一种很好的消除寂寞的方式。其实，大部分人意识不到的是，我们在旅途中结识的路人也能成为我们的朋友。

有句话说得好,人在旅途之中,人人都是朋友。出门在外,远离了我们熟悉的环境,没有了父母兄弟的关照,也没有了亲近朋友的照顾,无形当中让我们感到孤单寂寞,甚至有些莫名的彷徨和害怕。一些人对旅途中的同路人抱着根深蒂固的成见和偏见,认为他们当中有很多的人都不怀好意。不可否认,在现实社会中,是有那么一部分人,或小偷或骗子,在漫长的旅途之中会刻意地接近我们,为的是我们身上携带的财物。但是,这些人毕竟是很少的一部分,我们旅途中遇到的绝大多数人都是像我们一样,同样是为了某件事情奔波的普通人,他们有爱心有理想,如果我们能在旅途之中加以结交,也是一笔很大的人脉资源。

那么,我们在旅途当中,怎样结识新的朋友呢?大家都知道,人在旅途或多或少地都带着一些自我防卫的心理,对陌生人贸然的问话和搭讪会排斥。所以,在旅途当中认识新的朋友,需要我们掌握一定的技巧。

第一,在路上,我们要抓住所谓的时机。大家面对面坐在一起,我们先开口说话,是不是就会让人产生所谓的怀疑了?这要看我们自己的感觉了。假如我们对面的人穿得非常得体非常的潮流,那么我们不妨从这个方面开口:"你的衣服真漂亮!你穿着很合身。"假如我们对面的人正在吃东西,我们不妨把自己路上带的东西拿出来和他分享,这样对方一定会相应地把他正在吃的东西也拿过来让我们品尝,这样无疑就拉近了彼此之间的距离。其实,只要开了口,度过了这一关,接下来的交谈也就相应地容易起来了。所以,我们在开口的时候,语气要轻松自然,而且不要贸然唐突地说话。假如是我们对面的人先开口和我们说话,那么我们的回答尽量不要太简单了,要详尽热情,如果太简单了,对方就会觉得自己无话可接,那么也就会冷场了。如对方问:"要去哪里?"我们可以说出目的地,并反问对方的去处,这样一来一回,自然也就话多起来了。

第二,要积极、热情,尽量让我们和别人的谈话在一种自然和谐的氛围中进行。集中我们的精力，不要在谈话的时候东张西望，要全身心地投入。如果对方看上去不想交谈，那么我们也不必强求，如果对方对我们的谈话感兴趣，那么我们就会有动力和精力把话题讲得更加绘声绘色。

第三，我们要学会听话听音。开始的时候，我们彼此已经对各自的兴趣爱好有了一定的了解，都觉得对方的话题很合乎自己的兴趣，那么接下来我们就要往深处详谈了。当然，在别人说话的时候，我们仅仅是不说话而表现出一副很用心倾听的样子是不够的，我们要学会在听清楚事情的同时，还要听清楚话音。是什么让我们对面的乘客困扰呢？比方说他在自己的话里提到过失业，他往往会这么说："希望你不会介意……"这暗示他在向我们试探，因为话题可能涉及隐私，会有不便之处，所以这个时候，听话听音就要求我们要把注意力集中在对方的身上。

第四，我们需要注意在旅途中交朋友时的间歇效应。在我们同对方谈话的时候，如果我们对对方的话题不感兴趣或者对方对我们的话题不感兴趣，那么这当中往往会出现一个时间上的停顿，也就是我们刚才提到的间歇。但是成功的话题往往可以避免这种间歇发生。我们可以根据对对方的了解，挑一个比较轻松的话题继续聊一会儿，一般来说，在旅途中有关旅游方面的话题是最容易引起共鸣的。当然，多读书读报，了解时事，在谈话中也能引起对方的兴趣。当我们成功地把将要结束的谈话引向他感兴趣的话题时，对方一般会很高兴地和我们畅谈，这就让彼此有了成为朋友的可能。

第五，我们和旅途中的朋友在告别的时候要言行得体。在旅途之中，无论我们和他们谈得多么的难舍难分，总有分离的一刻，这个时候，如果我们觉得他值得我们结交，我们要毫不犹豫地拿出我们的名片并向他索要电话号码。我们可以这样说："聊了一路，很高兴咱们成了朋友，我希望咱们交换一下电话号码，以后常联系。"这是很重要的一步，毕竟旅途非常短暂，真正的结交还在旅途结束之后。

有了上面的技巧，我们就能把握住自己的出行，把路人变成我们的朋友，让我们的旅途变得轻松快乐。

勇于搭讪：坚持主动推销自己

情感学家曾提出："面对一见钟情的爱情，你必须要勇于搭讪，让对方了解到你的感情，唯有如此你才有机会获得美满姻缘；胆怯与羞怯只会使你与期望的幸福背道而驰。"搭讪无疑是一种非常有效的推销自己的方式。显然，一个优秀的销售者无一不是能够做好主动推销自己的"搭讪"专家。

搭讪用北京话来讲又叫做"套瓷"，意思就是主动寻找话题和陌生人交流，或者是主动地"无话找话"和对方寒暄客套，以达到交流沟通的目的。搭讪无疑是一种非常有效的推销自己的方式。试想，在双方都处于陌生、不相识的状态之下，你又很想与对方建立某种关系，这时如果你不主动上前去与人家攀谈、交流，你又怎样去使对方认识到你的存在、了解到你的意图呢？

情感学家曾提出："面对一见钟情的爱情，你必须要勇于搭讪，让对方了解到你的感情，唯有如此你才有机会获得美满姻缘；胆怯与羞怯只会使你与期望的幸福背道而驰。"你看，主动搭讪在爱情的追逐中都具有这般举足轻重的作用，而其在兵家商场所发挥的作用，比之更要重要数倍！为什么这样讲呢？商家获得利益的途径无疑是销售，而销售就必须要发掘客户，面对不同的客户人群去建立合作关系，这些客户人群中会有你所熟悉的人脉，但更多的则是陌生人群，这一点是毋庸置疑的。那么，面对这些陌生人群，如果你不能够勇于搭讪，主动地向其推销自己，你又怎样去让其认知你、了解你的产品、与你建立合作意愿呢？显然，一个优秀的销售者无一不是能够做好主动推销自己的"搭讪"专家。

有这样一个故事：有两个年轻人做生意，他们原本是邻居，因为家乡闹灾荒不能再以耕田为生，于是他们两个人就分别变卖了家当，开始以经商谋求生路。这两个人同时选择了贩卖茶叶，因为他们邻乡是一个生产茶叶的大乡镇，几乎家家农户都有茶园。于是这两个人就拿着一部分变卖的钱，去邻乡购进了一些茶叶到城市的商业区去贩卖。开始的时候他们分别在商业区的不同市井进行零售，生意虽然算不得兴隆，但也足可以保证生计。后来，这两个年轻人就商量，这样零售不是一个好办法，要想使生意做大就必须到市井里的茶楼与饭馆去争取"大客户"，如果保证能向这些茶楼和饭馆供应茶叶，那么就可以长期稳定地赚入一大笔财富了。于是他们就分别开始着手去联系茶楼和饭馆的老板。可是第一个年轻人因为性格内向而不善言谈，因而他对主动与陌生人说话有一种胆怯心理和羞怯心理。这样一来，他每次进入人家的茶楼之后，都不敢主动去找茶楼老板攀谈，更不知道如何张口去和这等"尊贵"的大老板谈合作之事，因而他几次推销都是欲言又止、不战而退。最终他觉得自己实在不适合去做"大客户"的推销工作，便一直甘于零售，在市井中以零售贩卖茶叶维持生计。

第二个年轻人一开始也有这种胆怯心理，毕竟自己只是乡野之中出来的小农商人，怎样去和人家茶楼、餐馆的"大老板"共商合作事宜呢？但是，一想到如果成功与这些"大客户"合作将带来的丰厚利润，他便顾不得惧怕与羞怯了。第二个年轻人心想："我为什么不敢去向他们推销自己呢？我的茶叶是这里最优质的茶叶，只要我勇于向他们推荐自己，让他们认识到我的茶叶的优质，他们有什么理由拒绝我呢？我本身就是卖茶叶的商人，如果惧怕和人攀谈，我以后要怎样去销售茶叶呢？"这样想着，这位年轻人便增长了不少勇气。当他进入第一家茶楼之后，便先要了一小碟点心，坐在一个角落里一边等待茶楼老板的出现，一边观察茶楼的境况，想着怎样与茶楼老板交谈。

一个时辰之后，老板出现了，年轻人立即走上前去，他一边向老板致以问候，一边夸赞茶楼里的点心做得非常别致，味道独具风味。老板一听心里不禁有些得意，于是与年轻人说起话来，向年轻人炫耀起自己的茶楼，说自己的茶楼不但点心好，而且茶叶也很具特色。年轻人趁机便说："老板，您家的茶叶的确非常不错，我看到您这来的客人都赞不绝口，我在一边闻着茶香便可知您的茶叶绝对是上等货。不过老板我还见过比您这更上等的茶叶呢。"茶楼老板一听，不觉来了兴趣，便问："小伙子，你不要吹牛啊，真的还有比这更上等的茶叶吗？"年轻人顺势将自己销售的茶叶拿出一包来，亲自给老板泡了一壶茶，并向其说明自己就是茶商。于是，年轻人便与茶楼老板顺利地进入了合作谈判，并最终建立了合作关系。渐渐地，年轻人与多家茶楼老板、餐馆老板都建立了合作关系，两年后在市区里创立了自己的茶行。

这个故事阐明了一个道理：商家要赢得客户就必须要克服自己的胆怯心理与羞怯心理，以巧妙的搭讪方式去吸引客户的注意力，而后渐渐引导其进入合作谈判流程，这便是自我推销的一个艺术技巧所在。

勇于搭讪，坚持主动推销自己，要求商家首先要克服惧怕心理，同时要增强自信；并且在自我推销的过程中，要注意体察客户的心理，多以赞美、褒奖之类的话赢得对方的好感，进而再向其做自我介绍。当然，坚持主动推销自己，口才与思辨能力是至关重要的，你如果想要在商业界赢得销售的成功，平时就必须下苦功锻炼自己的口才、培养自己的思辨能力。

另一方面，善于搭讪，主动推销自己，还要求你必须养成一种"自来熟"的处事作风，即无论在任何场合，都能够与陌生人主动攀谈，并引导其进入融洽、亲切的交流氛围。这样，便很容易使陌生人变成朋友，将来这些人脉都极有可能成为你的潜在客户。

随心随性：陌生人才是最宽阔的交友渠道

陌生人对我们来说，就是一个等待开发的海洋资源，只要我们有勇气有眼光，那么这种资源就可能转变成我们的朋友，并能扩大我们的感情圈。只把目光局限在自己身边的几个朋友身上，是不能扩大我们的接触范围的。想要和原本不熟悉的人打交道并进一步发展成朋友的关系，需要我们掌握一些关键的技巧，毕竟之前完全不认识的两个人，在接触的时候会有防卫的心理。

我们扩大感情圈的最好方法是主动地去认识陌生人，随心随性，陌生人才是最宽广的交友渠道。陌生人对我们来说，就是一个等待开发的海洋资源，只要我们有勇气有眼光，那么这种资源就可能转变成我们的朋友，并能扩大我们的感情圈。只把目光局限在自己身边的几个朋友身上，是不能扩大我们的接触范围的。

想要和原本不熟悉的人打交道并进一步发展成朋友的关系，需要我们掌握一些关键的技巧，毕竟之前完全不认识的两个人，在接触的时候会有防卫的心理。这就需要相应的技巧为我们成功地交到朋友铺路。

我们和陌生人之间的谈话，开始时非常的重要，开头开得好，就可能让我们一见如故；开头开得不好，就可能会让两个人眼对着眼，却没有什么话说，尴尬得很。其实，我们在和陌生人交谈的时候，要把握好开头，最主要的是我们一定要找到自己和别人身上的共同点，从共同点出发，以此引起两个人之间的共鸣，这样才能开好头。那么，我们怎样找到我们同陌生人之间的共同点呢？

首先，我们在和陌生人接触的时候，要先察言观色，寻找彼此身上的共同点、观察对方的精神状态和兴趣爱好等等。这些东西或多或少地会在他们的服饰、面部表情以及言谈举止方面有所体现，只要我们善于观察，就能发现我们和对方之间的共同点。一个当过兵的青年坐车，他的对面坐着一个陌生人。走到半路的时候，汽车发生了故障，驾驶员忙了两个多小时都没有修好。对面的陌生人就向司机建议，再仔细地检查一下油路，看一看是否被堵住了。司机听了后将信将疑，检查之后果然找到了问题所在。当过兵的小伙子觉得对面的这个陌生人的本领是在部队上学到的，于是就试探地问对面的陌生人："你当过兵？""是啊，当了5年呢。""哎呀，我也在部队待了5年呢，你以前在哪个部队？"……就这样，部队让这两个原本陌生的人找到了彼此身上的共同点，最后成了朋友。当过兵的小伙子通过察言观色细致地观察了对方之后，发现了二人都当过兵的这个共同点。发现了彼此的共同点，还需要同彼此的性格和兴趣结合，有谈话的欲望和技巧，有想结交认识新朋友的渴望，这样才能发挥主动性，打破眼前的"陌生"障碍。不然的话，即使发现了彼此之间的共同点，也不能很好地交谈，容易使彼此之间的谈话在刚刚开始之后就陷入沉默的尴尬之中。

其次，我们应该学会用话试探对方，学会以此摸清对方的特点。两个陌生人面对面坐着，要打破沉默，开口讲话是首要的，我们可以随便打个招呼，然后询问对方的目的地、籍贯以及工作单位等等，从这里面获得对我们有用的信息；我们也可以用肢体语言开始我们的谈话，比如帮助对方做一些他们正在做的事情，提提行李什么的，然后自然而然地就能交谈起来；我们也可以通过对方说话的口音判断对方的情况，通过要烟敬烟这类的小动作开场，制造开口说话的环境。比如两个小伙子在一个车站上车，面对面地坐着，其中一个人问另一个小伙子："你在什么地方下车？""汽车站，你呢？""我也是，你去汽车站到哪？""北京。你呢？""我去天津，呵呵，咱们顺路呢。"通过双方的彼此试探，也就找到了共同点：虽然目的地不同，但是顺路，一个小伙子在天津下车之前，他们两个人都是能够在一个车上的。两个人在发现了这个共同点之后，交谈也就投机了不少，他们到了汽车站相约一块买票，上车后又坐在了一起，俨然成了好朋友。

再者，我们也可以通过别人的介绍，找到我们同陌生人之间的共同点。比如说，我们去朋友家玩的时候，正好有陌生人在朋友家做客，朋友作为主人，当然要为双方做介绍，说明双方的身份以及与主人之间的关系，有时候连工作单位、年龄、爱好等等这样的信息，主人也会做一个详尽的介绍。如果我们这个时候足够细心，那么马上就可以通过这些信息发现自己和对方之间有什么共同之处。

最后，为了找到所谓的共同点，我们可以留意一下陌生人的谈话，揣摩一下，就很容易发现共同之处。当然，在揣摩的同时，我们也不妨深入地去挖掘共同点。发现共同点其实并不难，难的是随着交谈的继续，我们怎样把谈话从初级阶段往深处推进。随着交谈的继续，共同点会越来越多，为了使这些共同点对双方都有吸引力，必须深入地挖掘，找到各自都感兴趣的一点，这样才能更好地发展彼此之间的感情。

综上，陌生人是我们扩大人际交往、丰富我们感情圈的重要资源。想要把我们碰到的陌生人发展成为朋友，那么我们就必须学会开口说话，而开口说话不难，难的是找到彼此身上的共同点，这样谈话才能继续下去，情绪才能调动起来，最终大家才有可能因为话语投机而成为朋友。

善用名片：亮出你的身份证明

名片虽小，但它的发展和变化却展示了一个时代的文化风貌，也展示了一个人的文化素养和身份地位。我们所处的这个社会，是一个交流非常频繁的社会，处处需要自我推销和展示，要张扬自我，表明自己的身份，这样才会得到别人的认同。在社交场合，我们的名片是自我介绍过程中最简单、最便捷的方式，也是我们身份地位的一个象征。

现在社会，一说到名片，大有泛滥的情形——就连马路边上买菜的大婶都会在我们买她的菜时塞给我们一张名片，以招揽我们经常光顾。可见在现代社会，名片的功能已经被人们广泛地接受，对一个人来说，名片代表的不仅仅是身份，还是今后继续交往的"通行证"，是广交朋友的一个很好的媒介。

名片虽小，但它的发展和变化却展示了一个时代的文化风貌，也展示了一个人的文化素养和身份地位。我们所处的这个社会，是一个交流非常频繁的社会，处处需要自我的推销和展示，要张扬自我，表明自己的身份，这样才会得到别人的认同。从这个意义上来说，这小小的名片之中承载了很多的信息，它表达了礼仪，展示了形象，联系了感情，传递了文化，在当今社会的交往中已经变得越来越不可缺少。名片虽然只是一个小纸片，但它运用的空间却非常大，代表的品味也各不相同，里面包含的信息也是应有尽有。这小小的名片，包含着各种各样的人际关系，暗示着不同的社会阶层，是交错的社会网络，更是一个丰富的信息库，一个十足的小社会，不可小而视之。名片的内涵也不像我们想象得那样浅薄，一张名片能够让别人回忆起我们的面孔，享受我们曾经和他交往的时刻，感受我们和他之间的友情。名片能够带给我们一种沟通，让我们品味不同的文化，享受不同的美感，感悟彼此的人生，得到不同的人生感悟，使我们铭记于心。名片运用的范围非常广泛，是人们互相认识的第一步，它是友谊的发端、个人印象的存储、个人信息的备忘录，名片网络构筑了你个人的交往圈和社会活动的大舞台。

在社交场合，我们的名片是我们自我介绍的最简单最便捷的方式，也是我们身份地位的一个象征。当我们和别人第一次接触的时候，大都要递上自己的名片，这是向别人介绍自己和推销自己的一种最简单有效的方法。同时，在正式的场合，名片也是一个人身份和地位的象征，是一个人事业成功的标志。名片质地和档次的好坏高低，暗示给别人的意思也不同，用好名片的人地位高也多金，反之亦然。

善用名片展示我们的身份，能够带给我们很多好处：首先，我们的名片是我们和别人建立联系的桥梁，它能提供必要的信息，使我们有可能和别人成为伙伴和朋友。其次，使用名片可以使我们的大脑在和别人初次相见的时候得到解放，不被各种各样的联系信息所困扰，全力地投入到社交当中，能够更有效率地和别人交流感情，获得别人的信任。再者，当我们给别人主动递上我们的名片时，会给人留下言行得体懂礼貌的印象。主动递上自己的名片，能够使别人在第一时间里明了我们的身份，避免认识上的误区。最后，使用名片，在有些时候能够代替我们本人，在我们不和他人见面的情况下，起到一个交流的作用。在当今这个快节奏的社会里，名片完全可以代替我们本人的正式拜访，起到一个媒介的作用。

既然名片有这么重要的作用，那么我们在运用名片的时候，需要注意一些什么样的礼节呢？大家都知道，名片是在社交场合表明我们身份的一种最好的方式，交换名片有一定的顺序，并不是随意为之的。一般来说，当我们和多人交换名片的时候，应该按照他们身份的不同，职位高的先给，然后是职位低的，或者我们也可以按照距离分发，由近到远，先给离我们近的，然后是远的，不要随意分发，这样容易让身边的人产生误会，以为我们怠慢他们。当然，我们递名片的时候，要掌握好时机，在没有弄清楚对方的身份之前，不要冒昧地递上我们的名片，也不要随意地散发。

在和别人交换名片的时候，我们要记住对方的身份。名片是一个人身份的象征，如果我们在接到名片之后没有记住对方的身份，称呼错了，这就显得非常尴尬了，如此，别人怎么能重视我们呢？当然，我们要保持自己名片的整洁，不要让自己的名片显得脏乱，不然不仅会让别人产生不快，也会让我们显得没有身份，因而不受别人的重视。我们接受了他人的名片，回去后要将这些名片保存好，记住人家的名字，赶快打电话给人家，做好联络的工作，这对我们建立人脉网络、扩展感情圈非常重要。

在人际交往中，我们要学会善用我们的名片来表明我们的身份，以此给对方一个非常清楚的信息以及联系方式，这对我们的交际有着非常重要的作用。学会使用名片，善用名片，能够带给我们意想不到的精彩！

记住门牌：你的邻里是你最得力的朋友

远亲不如近邻，邻里关系原本是非常重要的一环，是整个社会结构中极其重要的一部分。和邻居成为朋友，这对我们自己有莫大的帮助。我们的邻居也是我们扩大交际的一大资源，记住邻里的门牌、与邻里成为朋友是社交大课堂之中的基础之一。

俗话说得好，远亲不如近邻，在我们的传统观念里，邻里关系原本是非常重要的一环，是整个社会结构中极其重要的一部分。但是，现实社会中，这种曾经和谐的邻里关系正在悄悄地发生变化，有的住在对门的邻居连彼此姓什么都不知道，许多住户互不相识，也不知道彼此在什么单位上班，更谈不上彼此之间的来往了。有一项调查显示，在城市的小区里面，有将近一半的人不知道邻居的名字，大部分人很少和邻居往来，即使少部分彼此接触的邻居，也谈不上经常性地来往，仅仅是见个面打个招呼而已，可以说"近在咫尺不相识"吧，所以有人这样感慨："现在邻居之间的来往少了，遇到点什么事情，全都要靠自己解决，别想指望有哪个邻居帮忙。"

其实，只要我们记住了邻居的门牌，重视邻里之间的关系，那么我们的邻居一定能够成为我们最得力的朋友。邻里之间因为住得近，所以占了天时地利的有利因素，之所以会出现住在对门不相识的状况，主要的原因还是人心的关系。现在很多人都存在着自我防卫的心理，打定了自己过日子的心思，因此才冷落了邻居。只要我们常常以微笑面对邻居，用行动帮助邻居，一来二去，彼此之间的冷漠也就消融了，再加上天时地利，想不成为朋友都难。

和邻居成为朋友，这对我们自己有莫大的帮助。例如，你在家炒菜，等到要放盐的时候发现没盐了，这个时候，锅里的菜马上就要熟了，你很着急，本想到对面邻居家借点，但是一想平时和人家根本不往来，不由得打了退堂鼓。你只好先把天然气关了，一路小跑到超市买回了盐，但是那菜炒出来却不怎么可口了。试想一下，假如你平时和对门的邻居搞好了关系，也不至于在急需用盐的时候两手空空，你只要敲开对门，就能借上一点，既方便又和谐。可见，和邻居成为朋友是多么的重要。

小李和现在的邻居相处得很好，可以说亲如一家人。其实刚刚搬来的时候，他们也是不熟悉甚至有点冷漠。后来小李主动和邻居搭话，问对方是不是住在对门的邻居，一来二去熟悉了，才有了现在的这种朋友关系。邻里之间做饭烧菜，哪家少了点油盐酱醋什么的，相互之间就经常地讨要，很方便也很温馨。吃饱了饭，小李会去对门家串门，聊聊天、拉拉家常什么的，其乐融融。有一天，小李和妻子出去办事，早晨天气不错，临出门的时候，小李把屋里的被子拿到楼前的空地上晒。但是不久天气突变，小李夫妇急得像热锅上的蚂蚁，要是被子给淋湿了那就麻烦了。这个时候，小李突然想起了自己有对门邻居的手机号码，所以就掏出手机给邻居打了个电话，谁知道邻居早就把小李家的被子收进屋里面去了。虽然这只是一件小事，但让小李觉得自己的邻居是个朋友，很值得结交。还有一次，小李一家出去旅游，回来的那天已经是下半夜了，他害怕打扰邻居休息，所以爬楼时非常小心，开门时也很小声。刚刚进门不久，小李的手机铃声就响了起来，小李很奇怪，不知道是谁深更半夜打电话给自己。赶忙接听，才知道是对门邻居打过来的，他说一觉醒来，听到楼道里有脚步声，又听到小李家门锁开的声音，知道小李一家出门了，还以为是小偷呢，所以赶紧打电话给小李。小李很感激，这真是打着灯笼找不着的好邻居啊，有这样的邻居，生活中便多了一份安心和快乐。

当然，不光邻居帮助小李，小李同样也会帮助邻居。有一天，对门的邻居一家出门办事，邻居乡下的母亲并不知道这件事情，她从乡下赶来却进不了家门。对门的母亲从乡下带来了许多自己种的鲜菜，装在一个大袋子里面，坐在门前等候。不久小李回家，看到老人坐在门前，立刻把老人让进自己的家里，给老人倒了一杯水，并打电话告诉对门的邻居他乡下的母亲来了。等到对门的邻居赶回来的时候，他母亲已经在小李家吃过了午饭，对门的邻居很感激，把母亲带来的鲜菜分给小李一半，尽管小李一再推辞，但对门坚持把菜留下，小李只好收下了。

所以，我们的邻居也是我们扩大交际的一大资源。好的邻里关系能让我们结识邻居并成为不错的朋友，在有事的时候能够彼此帮助。这样不仅对我们居住的环境有利，而且还扩大了我们的感情圈。记住邻居的门牌号，常走动走动，广交邻里，这是一种非常值得我们尝试的扩大交际的方法。

化敌为友：与你对立的人很有可能会成为莫逆之交

在很多情况下，和我们原本对立的人也能够成为我们的朋友，甚至成为莫逆之交。化敌为友不是仅仅存在于电影、电视之中，现实社会也能上演。善于化敌为友，把我们的对立方变成我们的朋友，这是一个很值得我们尝试的扩大交际圈的方法。因为以前的对立，彼此之间很是了解，反而会在成为朋友之后感情更深更牢固，这样的朋友不可多得，是一生的过命朋友。

人在社会中生活和工作，有朋友就会有敌人，这是每个人都摆脱不了的事实。可能没有几个人敢说自己一个敌人也没有，毕竟社会竞争激烈，人心浮躁，有意无意之间就会树敌。我们当中的一些人，思维上有着明显的非黑即白定律，也就是说自己的周围不是朋友就是敌人，没有缓和的空间和余地。其实，在很多情况下，和我们原本对立的人也能够成为我们的朋友，甚至成为莫逆之交。化敌为友不是仅仅存在于电影、电视之中，现实社会也能上演。

假如我们懂得这个道理，那么我们就可以化敌为友，把原本和我们对立的敌人转化成我们的朋友。假如我们想要这么做的话，我们就必须要放弃自己所谓的面子和傲气，放弃所谓的自尊，尽量善待我们的敌人。我们可以试着用最友善的口气和他们说话，即使在被拒绝之后也不要气馁和怨恨；我们也可以试着在各个方面真心地关心他们，善待他们，给予他们特别的照顾和温暖。一开始，可能我们的敌人会不以为然，甚至会怀疑我们是不是有什么阴谋诡计，但是随着时间的流逝，他们必定能够感受到我们和解和结交的诚意，从而改变对我们的态度，回应我们的关切，直至最后化解坚冰，回报我们的大度。我们要相信，即使是一颗坚硬冰冷的心，也会在我们经久不息的火热中消融。

《水浒传》中就有关于化敌为友的精彩描写：宋江因犯案被发配到江州，遇到早就想结识他的戴宗。于是两人一起进城，在一家酒店里喝酒。才饮了两三杯，又遇到李逵。后来，三人又到江边的琵琶亭酒馆去喝酒。吃喝间，宋江嫌送来的鱼汤不太好，便叫酒保去做几碗新鲜鱼烧的汤来醒酒。恰巧酒馆里没有新鲜鱼，李逵跳起来说："我去渔船上讨两尾来与哥哥吃！"戴宗怕他惹事，想叫酒保去取，但李逵一定要自己去。李逵走到江边，对着渔人喝道："你们把船上的活鱼扔两条给我。"一个渔人说："渔牙主人不来，我们不敢开舱。"李逵见渔人不拿鱼，便跳上一只船，顺手把竹笆篾（音灭）一拨，没想到竹芭篾是没有底的，平时渔夫们只用它来拦鱼，他这一拨，鱼全都跑了。李逵一连放跑了好几条船上的鱼，惹怒了几十个打渔人，大家七手八脚地拿竹篙来打李逵。李逵大怒，两手一架，抢过五六条竹篙在手里，一下子全扭断了。正在这时，绰号"浪里白条"的渔牙主人张顺来了。张顺见李逵无理取闹，便与他交起手来。两人从船上打到江岸，又从江岸打到江里。张顺水性极好，李逵不是他的对手。他将李逵按在水里，李逵被呛得晕头转向，连声叫苦。这时戴宗跑来，对张顺喊道："足下先救了我这位兄弟，快上来见宋江哥哥！"原来张顺认得戴宗，平时又敬仰宋江的大名，只是不曾拜识。听戴宗一喊，急忙将李逵托上水面，游到江边，向宋江施礼。戴宗向张顺介绍说："这位是俺弟兄，名叫李逵。"张顺道："啊，原来是李大哥，只是不曾相识！"李逵生气地说："你呛得我好苦呀！"张顺笑道："你也打得我好苦呀！"说完，两人哈哈大笑。戴宗说："你们两个今天可做好兄弟了。常言说：不打一场不会相识。"几个人听了，都笑了起来。

这就是我们常说的不打不相识，其实所谓的"打"，能够让我们彼此之间增进了解，深知彼此的品行，这样无疑能够产生出惺惺相惜之感。

美国前总统富兰克林年轻的时候，曾经把他所有积攒下的钱财投资建了一家小印刷厂。富兰克林为自己的小印刷厂承揽到了为议会印制文件的业务，但是当时却出现一个对他非常不利的情况：在议会中，有一个很有钱也很能干的议员，不知道是出于什么样的原因，很讨厌富兰克林，并且还在一次谈话中公开指责甚至辱骂富兰克林。这样的情况对富兰克林承揽业务是非常不利的，所以富兰克林想要改变当时的情况，让这个议员喜欢上自己。下面就是富兰克林自己亲口诉说的经过。"听说他的图书室里藏有一本非常稀奇而特殊的书，我就给他一封便笺，表示我极欲一睹为快，请求他把那本书借给我几天，好让我仔细地阅读一遍。他马上叫人把那本书送来了。过了大约一个星期的时间，我把那本书还给他，还附上一封信，强烈地表示了我的谢意。于是，下次当我们在议会里相遇时，他居然跟我打招呼（他以前从来就没有那样做过），并且极为有礼。自那以后，只要我有了什么困难，他都乐意帮忙，于是我们变成了很好的朋友，一直到他去世为止。"富兰克林其实是运用了一种心理技巧，那就是放低自己的姿态，请求对立的那方帮忙，使他们感觉到诚意和尊重，这样自然而然地获得了对方的好感，使对立方变成了朋友。

善于化敌为友，把我们的对立方变成我们的朋友，这是一个很值得我们尝试的扩大交际圈的方法。因为以前的对立，彼此之间很是了解，反而会在成为朋友之后感情更深更牢固，这样的朋友不可多得，是一生的过命朋友。

中篇

商战博感情

——大商家赢在无硝烟处

中 篇

商战博感情——大商家赢在无硝烟处 ————————————

Chapter 6　兵家商场，以博取感情赢得发展

在现代社会中，每一个人都在追求自己理想之中的"事业有成"，于是很多人将事业之梦想托付于商场重地，希望有朝一日能像自己所美慕的那些企业家一样成为一名成功的企业人。而这一远大理想的实现，需要"天时、地利、人和"的相辅相成，这其中人脉无疑是"人和"的重要体现，它承载着一个人的发展命运，决定着一个人发展的广度与深度。有时候，我们经常听到一些人抱怨自己遇不到可以扭转局势的商机、遇不到可以帮自己发掘商机的贵人，殊不知，所谓贵人不是"天赐良缘"，而是需要自己付出"情感投资"才可培养出来的。简而言之，贵人即人脉，人脉能给你带来无限商机，但人脉的构建需要你自己以真心实意的情感投资去赢创。兵家商场，唯有博取感情，才可赢得发展。

情感投资，以人脉创造商机

一个人的生存是靠血脉来维系的，其中人的身体的经脉维系着一个人的血脉，而维系人在社会中生存发展血脉的则是人脉。由此可见，人脉对于一个人的生存发展来说是何等的重要。将人脉运用到商场，那么人脉带给你的将是无限商机，而商场的人脉关系又要如何去构建呢？

哲人说："人之所以成生者，血脉也；血脉和利，精神乃局；精神居所，身体与社会共之；血脉于人之身躯，即为经脉；血脉于人之社会，即

为人脉；经脉与人脉，缺一者，人无以存也。"这句话的主要含义简单地概括之，就是说一个人的生存是靠血脉来维系的，其中人的身体的经脉维系着一个人的血脉，而维系人在社会中生存发展血脉的则是人脉。由此可见，人脉对于一个人的生存发展来说是何等的重要。

在现代社会中，每一个人都在追求自己理想中的"事业有成"，于是很多人将事业之梦想托付于商场重地，希望有朝一日能像自己所羡慕的那些企业家一样成为一名成功的企业人。而这一远大的人生理想的实现，需要"天时、地利、人和"的相辅相成，而这其中人脉无疑是"人和"的重要体现，它承载着一个人的发展命运，决定着一个人的发展广度与深度。有时候，我们经常听到一些人抱怨自己遇不到可以扭转局势的商机，遇不到可以帮自己发掘商机的贵人，殊不知，所谓贵人不是"天赐良缘"，而是需要自己付出"情感投资"才可培养出来的。简而言之，贵人即人脉，人脉可以给你带来无限商机，但人脉的构建需要你自己以真心实意的情感投资去赢创。

人脉可以创造商机，首先是因为人脉就是一个"信息集合地"，它会有效地让你掌握第一手信息，从而让你抢占先机。在现代社会的信息化竞争中，商机所隐含的各种信息无疑是价值连城的，它会使你先于他人发现这一商机，从而抢占有利的时机。

世界著名的三洋电机总裁龟山太一郎之所以能够取得今天的成就，一个关键因素就在于他依靠人脉建立了自己的"情报站"，从而不断获取第一商机。龟山太一郎说："情报是商机隐匿的载体，就如同沙子是黄金隐匿的载体一样，而依靠我一个人的力量显然是无法搜捕到这些广布天下的重要信息的，所以我需要更多的人来做我的眼睛和耳朵。为了寻找这些有利的眼睛和耳朵，这些年我广交社会各界人士，我的时间有一小部分用在了公司规划上，大部分都用在了与这些人的交往沟通上，因为我想要取得成功和发展，就必须维系好我与这些眼睛和耳朵的亲密关系。结果证明，我在他们那里获取了相当数量的商业行情、政策动态、社会需求等各个方面的综合信息，从而也使得我先于他人发掘、把握了许多商机。"

龟山太一郎的一番陈述阐明了一个道理：投资人脉，就是在投资自己发掘商机的资源库，可以使你网罗相关的信息，从而抢占商机，在第一时间迅速采取行动。

人脉创造商机，其次在于人脉是一个"能源发动站"，它会成为你把握商机、将商机转化为财富的能源助推基地。试想，在你开发商机、争取商机、实现商机的过程中，仅凭你一个人的力量能够完成所有事情吗？答案显然是否定的。你需要他人的协助、扶持甚至"人情""后门"关系，而这些都是人脉才能够给予的，你唯有拥有一个牢固有力的可靠人脉，才可以顺利地打开商机的大门。

比尔·盖茨之所以在他人生的第一单生意中就把握住了"全球第一"的电脑公司 IBM 的合作签单，成就了他的第一个具有极其重要意义的商机，完全是因为人脉而做到的。因为 IBM 的董事长与比尔·盖茨的母亲是旧交，通过这一层人际关系，才使得初涉商界的比尔·盖茨顺利掌控了第一商机，从此打开了成功的大门。

拥有人脉就等于拥有了开启成功之门的钥匙。既然人脉是自我发展的根基，情感投资是创建黄金人脉的艺术之道，那么在社交中要如何去进行有效的情感投资，以构建自己的人脉金字塔呢？

情感投资人脉就要大气慷慨地广交朋友。卡内基的训练讲师黑幼龙说："完整的人际关系包含三个阶段，即发觉人脉、经营人脉、出现贵人。"在这样一个过程中，结交朋友无疑就是在发掘人脉、经营人脉，它是引发贵人出现的根本前提。试想，如果你缺少朋友或者朋友层面不够宽广，你又怎么去建筑有效而可靠的人脉根基呢？唯有广结善缘，才可在你需要的时候，出现能够在某一方面给予你帮助的人。在结交朋友时，你要在情感投资的同时辅助以金钱投资，不能心疼"血本"，比如吃饭、酒场、交际场，在礼尚往来等各方面必然是需要金钱打点的。

情感投资人脉就要付出真诚，以诚心换真意。怎样以真诚换真意呢？简而言之，就是你满足对方的心理期望与需求，从而使对方产生愿意为你服务的心理意愿与情感倾向。孟子说："他人有心，予忖度之。"讲的就是人要懂得去揣摩他人的内心，只有掌控他人的内心才可能使一个人为己所用。而对于人心的掌控，情感投资无疑是最为有效的方式，因为给予他人所需，最具同化对方内心的效用。

情感投资人脉之道，赢创商机，需要以睿智去判断在某一时刻哪些人脉最具潜力价值，要有针对性地进行"人情投资"，尽最大可能地发掘人脉价值。

在自己意气风发时，要懂得广结善缘

广结善缘是人类社会美德的体现，是个人自身品性的体现，更是一个社会人谋求生存发展的需要。因为广结善缘、与人施善就是在与己施善，与人为友就是在为己谋助。广结善缘是建立人脉、赢得人际情感的基础与依托。

古语云："诸恶莫作，众善奉行；行一切善事。"这句话留给后人的警示便是要广结善缘、广积善德。在现代社会，广结善缘体现了两方面的含义：其一是指人要广行善，即"勿以善小而不为，勿以恶小而为之"；其二是指人要广积缘，即"以诚交友，以真待人"。广结善缘，是人类社会美德的体现，是个人品性的体现，更是一个社会人谋求生存发展的需要。因为广结善缘、与人施善就是在与己施善，与人为友就是在为己谋助。广结善缘是建立人脉关系、赢得人际情感的基础与依托。

一个人在郁郁不得志时，需要广结善缘来为自己谋求发展机遇，争取贵人相助；一个人在意气风发时，则需要广结善缘来为自己稳定发展态势，赢得他人的支持与拥护。然而，在生活中我们经常看到一些人在不得志时，一开始的表现还能称得上是"亲和为善"，因为他们内心有一种"低人一等"的自卑感，同时他们需要逢迎他人而谋求出头之日。这些人一旦心愿达成，就会一改往日的"温顺亲善"，表现出一种张扬跋扈的嚣张气焰，这时的他们其内心无疑是一种"小人得志"的心理，认为自己总算有了出头之日，终于可以让别人来求自己而自己再无须求助他人了。然而，暂时的成名与成功真的就可以使一个人成为无须求助他人的"鲁滨逊"吗？显然答案是否定的。人在社会中生存和发展，无论是身处逆境还是顺境，都要依靠人脉来为自己的未来铺筑道路。你在意气风发之时丢弃"广结善缘"的社交根本原则，就会自断人脉、自毁前程。纵观国内国外的成功人士，哪一个不是在意气风发之后依然坚持广结善缘的呢？

曾经有一个商人一心想做本村的村长，他为了拉拢人心便经常舍财施善，救济贫民并帮助有困难的村民，还会在收成不好时自己出钱买米买粮分给村民们。为此，村民都对其感恩戴德，在之后的一次村选中，这位商人得到了全体村民的拥护与支持，顺利竞选成功，实现了自己的村长梦。可是，在心愿达成之后，这位商人一改往日的作风，不但不再与人施善，还渐渐地作威作福起来。他做村长完全是为了要满足自己的私利，做了村长之后的他弃村民的利益于不顾，还经常说："你们有今天的好日子过，完全是因为我的帮助，当初若不是我救济你们，你们早就饿死了！现在你们不知回报，还指望我继续给你们舍财吗？"村民在认清这个商人的真面目之后，实在是忍无可忍，后来他们联名将这个商人村长告到了县衙。县太爷经过调查取证，确定村民所言属实后，便将这位村长撤职收押。就这样，这位好不容易才圆了村长梦的商人，不但梦碎无补，而且还丢失了人格、威望以及他人的信任，再也无法抬头做人。

这个商人凭借自己辛苦建筑的人脉实现了自己的心愿，他的广结善缘谋略使他顺利实现了自己的人生目标。然而，他的错误之处则在于其得志之后抛弃了广结善缘的根本，以恶行招致了他人的失望与愤懑，使自己好不容易树立起来的威望与声名一扫而光，从而自毁了前程。试想，如果这位商人在意气风发时依旧坚持往日广结善缘的作风，他还会落得如此的下场吗？

人在意气风发时很容易得意忘形，这是一种人对成功的喜悦感与满足感造成的，人万不可被这种得意忘形冲昏头脑。如果此时你忘记了他人的存在，忘记了"能助你扶摇上九天，亦能使你碧落下地狱"的人脉力量的存在，你的短暂成功之后便是人生发展的终结。为什么这样说呢？

其一，人脉能助你得意，亦能使你失意。人生之航船是航行于社会这个大环境之中，而社会的最基本组成细胞则为人，也就是说你的航船始终无法脱离各色人群而行进。而人脉如水，"水能载舟亦能覆舟"，广结善缘人必助你，若背信弃义、自私自利、以恶待善，则人必拉你下水，甚至会使你永无翻身之日。因而意气风发时，更应以广结善缘之道来使自己赢得更为广泛的社会支持与拥护，唯有如此才可维持现状，并拓宽未来的发展空间。

其二，人脉是防止人生发展出现意外的保险。任何人都无法依据现在的状况来保证自己日后的发展会一路畅通、坦途无阻，而且在通常情况下，越是成功之人其所遭遇的危机引发的潜在风险会越大，因为你现在所拥有的成功提升了你的风险资本。

打一个比方，只有一分钱的人永远不会担心被盗，因为这一分钱丢失与否都不会影响他的生活；而身价百万之人则会小心翼翼地保管好自己的财产，甚至连放在保险柜里都不能使他感到放心，因为这些财产一旦损失对他所造成的恶性后果将是无法估计的。人必须意识到，你在意气风发时所面临的失败风险、危机隐患其实远远超过了你在得志之前所面临的危机，而能够帮助你避免危机、化解危机，协助你走出发展困境的力量无疑来自于人脉。因而从这个意义上来讲，意气风发时广结善缘的意义显得更为重要，唯有广结善缘之人才可以有信心、有资本去保证自己未来的发展畅通无阻或是能够化险为夷。

恩泽社会，必得广众之力

商家要想在激烈的竞争中获得胜利、谋求发展，首先必须扎根于社会，得到社会广众之力方可拥有发展的基础与空间。而博爱之心无疑是赢得社会、公众、他人拥护、爱戴与支持的最佳方式，这便要求我们用爱心来恩泽社会，以此博得广众之力，帮助自身获得发展。

恩泽社会就是要求一个人要具有博爱之心，能关爱社会、奉献爱心，同时要以感恩之心回报社会，为社会和谐发展做出贡献。社会是人生存和发展的载体，离开社会人便失去了起码的立足空间，更无法谈及发展。尤其对于商家而言，社会是企业生存发展的土壤，离开社会企业便失去了生长存活的条件，商家便失去了维系发展的命脉。因而商家要想在激烈的竞争中获得胜利、谋求发展，首先必须扎根于社会，得到社会广众之力方可拥有发展的基础与空间。而博爱之心无疑是赢得社会、公众、他人拥护、爱戴与支持的最佳方式，这便要求我们用爱心来恩泽社会，以此博得广众之力，帮助自身获得发展。

有这样一则寓言故事：有三个兄弟从小生长在一个非常贫穷的家庭里面，他们在成长的岁月中饱尝辛酸、历尽艰辛，因此他们都希望自己将来能够出人头地，以改变这种贫苦的命运。在他们 17 岁那年，村子里来了一个老人，这个老人因为长途跋涉极度疲劳，晕倒在了村口的小河边。当时，这三个兄弟正好从村外的山上打柴归来，看到老人晕倒在河边，便一起将他背回到家中，给他喂水、喂饭，救活了这个老人。老人非常感激这兄弟三人，就对他们说："非常感谢你们救了我，为了表示感谢，我要满足你们一个愿望，不妨说说你们都想实现什么愿望呢？"这三个人听后非常高兴，异口同声地说："我们只想突破现在这种穷苦命运的藩篱，拥有一个精彩的人生。"老人听后，沉思一下说："我这里有三样东西，它们可以帮助你们实现这个愿望，这三样东西是金钱、地位和爱，你们每人选择一样吧。"大哥听后，心想现在我最缺的就是财富了，因此立即回答说："我选择金钱。"二哥听后，心想地位可以赢得他人的敬重，可以聚集名利，因此马上回答说："我选择地位。"这时老人对三弟说："现在只剩下爱了，你要它吗？"三弟平静地说："爱是人间最美的东西，我选择爱。"在此之后，大哥成为富翁，拥有了巨额的财富；二哥成为州长，拥有了万人敬仰的身价；三弟则成为一个云游四海的小商贩，他只有足够维持温饱的钱，还经常将辛苦赚到的钱送给书院、贫困的山村和孤寡的老人。

五年以后，大哥因为骄奢淫逸，将钱财挥霍一空，最后在潦倒中身染重病不治而亡；二哥因为贪污受贿、欺压百姓，有人向皇帝举报，最后被治罪问斩；三弟因为施爱天下、恩泽黎民，因此结交了众多朋友并赢得了众人的爱戴，后来在大家的群体协助下开办了一家纺织工厂，取名叫"远播善德"。这家工厂雇用的全部都是各地贫苦的百姓，而且除了维持工人与厂家的日常用度与经营费用外，其他收入大部分都用来捐助社会的路桥建设，并兴办学堂、救助穷苦等。"远播善德"因而闻名天下，并得到了皇帝的御赐金匾，匾文为"恩泽天下，东方爱神"。

大哥和二哥在阴间看到弟弟从小商贩一点点地成为了名利双收的知名人士，不禁心生醋意，于是他们找到当年帮其实现愿望的老者，质问道："当初我们救了你，你说要帮助我们实现愿望并改变命运，可是为何我们兄弟二人却落得如此下场？又为何只留我三弟一人在人间享乐？"老者听后笑道："一切皆因人心之善恶而分。老大，如果你当初用财有道，肯去救济贫苦、与人为善，而不是自私自利地挥霍无度，你会落魄而去吗？老二，如果你做官懂得造福万民、以利社会，你会落得如此下场吗？你们的三弟不是在享乐而是在造福，正因为他以爱为社会造福、为人们造福，才得到了社会和人们的认可与拥戴，才有了今天的名利双收。恩泽天下，方可得人心，得人心者方可获人助啊！"大哥和二哥听后顿悟，但一切都为时已晚。

这个故事告诉我们：名利乃是身外之物，若用其为他人、为社会造福，它自然会落地生根、日生百金；若用之无道，则会招致社会的遗弃，失人心而不能成事。唯有心怀善念、以博爱之心造福他人与社会，才可建筑自身发展的根基，才可得到他助。

如果说社会是为个人发展提供养分的土壤，那么属于你的这一片土壤是肥沃还是贫瘠，关键就在于你是否能够精心去呵护、料理这一片土壤。如果你能够以感恩之心浇灌这一片土壤，以博爱之心疏松这一片土壤，那么这一片土壤定会为你的人生提供足够的养分，使你的人生结出丰硕的果实。与之相反，如果你一味向这片土壤索取而无任何奉献，那么这一片土壤定会因贫瘠而枯竭，再无任何资源贡献于你。人们要时刻记住：恩泽社会，才能做到"得道者多助"。

面对公众的误解，以事实证明自己

古人云："事事无须争，清者自清。"意思就是说当被人误解时，不要太在意，更不要因为他人误解你而去跟他们争吵辩驳，事实的真相总会以其澄清的面目显于人前的，此即所谓事实胜于雄辩。当遭遇公众误解时，最有效、也最有说服力的澄清方式就是用事实说话，用事实去证明自己，这样一切的谣言与误会自然就会不攻而破。

被别人误解，这无疑是一种有苦难言、有口难辩的痛。每一个人都渴望自己被对方理解，都希望他人能够正确地认识自己及其与相关事情的真相，然而在这个世界上谁能够避免遭人误解呢？要知道，对于真相的了解过程存在着太多客观和主观两方面的障碍因素，因而遭遇误解在一些时候是在所难免的。我们对他人的误解必须有一个正确的认识，应以一种沉着稳定的平衡心态去消除误解，而不应该因为焦急或愤懑做出莽撞的行为，更不能以"越描越黑"的方式去加深他人的误解。尤其在兵家商场，企业或管理者自身遭公众误解，既关系到个人的声誉与发展，又关系到企业的利益与前途，如果处理不当，就很可能导致"身败名裂"。

古人云："事事无须争，清者自清。"意思就是说当被人误解时，不要太在意，更不要因为他人误解你而去跟他们争吵辩驳，事实的真相总会以其澄清的面目显于人前的，此即所谓事实胜于雄辩。当遭遇公众误解，最有效、也最有说服力的澄清方式就是用事实说话，用事实去证明自己，这样一切的谣言与误会自然就会不攻而破。

有这样一个奇人，在古人的文书中曾记载了一段关于他的奇谈轶事，讲述了他以坦荡胸怀面对误解、以淡然心境对待误解的故事。这个人因为是到京城来谋职的外地来客，因而当地人难免对他有些排斥心理，或者说对他的性格、为人等各个方面都不甚了解，所以这个人经常会遭到他人的误解。但是，每次被误解的时候，他都默不做声，事后或者是他将收集到的有力证据拿出来澄清事实，使他人认识到是自己误解了他；或者是他人自己发觉了事实的真相，心生惭愧主动来找这个人道歉。有一次，与这个人同室而居的室友丢了二两银子，认定是被这个外来人给偷走了，就找了两个朋友来辱骂这个人，还放话出来，让这个人三天之内将银子还回去。当时，这个人一言不发，只是静静地听着丢钱之人的"申诉"，没有因为对方的黑白不分和无礼行为做出半点气愤之举，直到丢钱之人气呼呼地走了之后，他依然表现平静。这时，他的同乡看不过去，想要追出去替他打抱不平，还大声对他嚷："你怎么这样没用，别人如此黑白不分，对你如此无礼，你怎么好像事不关己一样？"谁知这人笑笑说："他丢了银子如此着急可以理解，但我为何着急呢？他的银子又不是我拿的，等事实真相大白后，无须多说一句话，而现在多说也是无益，相反只会火上浇油。"第三天，这个人果然将二两银子交给了他的室友，只是他同时还带了一个人去。原来，这个人在室友出去后，仔细分析了一些相关的情况，找出了偷银子的"真凶"。当他将偷钱人和银子一起带到室友面前时，室友立即满面通红，连忙向他道歉。通过这件事，大家发现了这个人独特的优秀品质，都对他的心胸、气度、谋略赞叹不已。

这个故事告诉我们：误解是要靠事实去消除的，而恼羞成怒或者强词夺理都无济于事。试想，如果这个人当时因为室友的误解和无礼而和室友大吵一架，问题能够得到真正的解决吗？显然问题不但不能解决，还很有可能加深误解，导致更多误会的产生。由此可见，面对误解需要有气度去包容对方，需要冷静地去分析情况，需要用行动去寻找证据，更需要事实去消除误解。

古时候，曾经有一个人被诽谤与嫂私通，当时这一谣言传出，不知内情的人们全都认为这件事是事实，因而对他非常的鄙视。要知道，在那时与嫂私通可是不轻的罪名，但面对他人的误解与鄙视，这个人没为自己作任何辩白。后来官府追究下来，要对他进行问罪，这时他说："我本无兄，如何与嫂私通？"官府非常惊异，通过追查之后发现，原来这个人真的没有任何兄弟。这一事实传出，所有谣言与误解瞬间全无。在此之后，曾经误解过他的人都感到非常惭愧，对其礼让有加。

这个故事告诉我们：面对公众的误解，千万不要惧怕，事实终归有证可查，只要你问心无愧，任何误解都抗不过铁铮铮的事实。人千万不可以让他人的误解成为自己的"心魔"，在遭遇误解时，切忌惊慌错乱，更不可恼怒愤懑，关键时刻以事实出击才是上策。

面对公众的误解，以事实证明自己，就是要求我们在遭遇公众误解时，做到不争辩、不忧心，让时间与事实去揭晓误解本身的错误。以事实消除误解，是一种睿智的体现，是对一个人的心态、机智、气度、魄力与抗压力等综合能力的考验。睿智之人善于以智慧去挖掘事实的本真，还自己以公道，并能借助消除误解的过程使误解这一"无妄之灾"转化为宣传自我的有利资源。因为通常情况下当真相浮出之后，公众会对你形成一种全新的深刻认识，会诚服于你的非凡胸襟与谋略。

政府"人情"帮你应对政策

商场是国家在社会经济建设与发展中的重点管理区域，自然会处处受制于政府政策的管理与约束。在商业发展中，很多地方处处关乎政策问题，而政策问题有时在一些方面涉及不到法规条文，可就是这些无关痛痒、无伤大雅的细节之处以及与他人"近水楼台先得月"的情况让人头疼不已，那么如果你在政府部门有一个死党或熟人，这些问题是不是就可以迎刃而解了呢？

"政府"一词，源起于唐宋时期，是唐朝的"政事堂"和宋朝的"二府"的合称，政事堂和二府都是唐宋时期处理国家政事、制定国家政策的地方，因此后代便以"政府"一词指代一国的行政机构。说起政府，人们往往会心生敬意与肃穆之感，因为政府是国家的行政机构，它是维护和实现社会公共利益、协调管理社会发展建设，并对此进行可具暴力性的政治统治以及社会管理的社会行政组织，广具社会政治、经济、文化以及精神文明、物质文明的建设职能，它颁文施令、统管全局。

商场是国家在社会经济建设与发展中的重点管理区域，自然会处处受制于政府政策的管理与约束。虽然政策总是具有协调统领全局、稳定和谐发展的规范作用，但是对于商家而言，有时却难免会为政策问题而焦头烂额，没有办法应对。

比如你在创业时期条件还不成熟，一些细微之处无法达到政府规定的注册、上市等条文上的标准，虽然这些细节都无关大碍，可你却要为之煞费苦心；你想为公司某种产品申报专利，而一些可考察可不考察的表面文章，因为与政府政策相关联，经常使你大费周折；你想尽快完成某项审批，可是无奈政策流程烦琐，因而时常让你左右奔波而错过最佳的行动时机；国家招商竞标某一项目工程，你想竞争夺标，但无奈"狼多肉少"，你被可大可小的政策框框卡在门外，这时可真是"叫天天不应"。

类似的例子不胜枚举，在商业发展中，很多地方处处关乎政策问题，而政策问题有时在一些方面涉及不到法规条文，可就是这些无关痛痒、无伤大雅的细节之处以及与他人"近水楼台先得月"的情况让人头疼不已，这时很多人就会有一种恨不得政府老大是自己的亲戚或死党的心理。那么，如果你在政府部门真的有一个死党或熟人，这些问题是不是就可以迎刃而解了呢？这个问题极易回答，正所谓"熟人好办事"，如果政府里面有熟人，还怕不能应对这些"形式主义"问题吗？如果这个熟人够硬，即便是"本质问题"，也都可以转化为"形式问题"。正所谓"上有政策，下有对策"，只要你在政府当中有门路，就永远不会存在"政策难对付"的问题。因而可以说，政府人情是你迎战兵家商场，为你保驾护航、排除阻碍的护航大使。

卢彦在 2008 年创建了自己的一家小公司，主要经营电器产品，并且其经营电器产品的目的，是想为自己与同学共同研究的一款具有全新改造功能的制冷电器拓展销路、打造品牌。2009 年，卢彦公司的这一项创新产品在市场上逐渐拥有了立足之地，并出现挤占市场的态势，于是卢彦与同学在看到产品前景后，立即决定申报专利。就在申报专利期间，一家外资企业希望与卢彦公司合作，其合作项目就是这项新型的制冷电器项目，但要求合作项目必须是已通过专利认证的专利产品。这下卢彦等人着急了，因为申报专利按照国家政策规定需要一个流程，这个流程审核期需要相当长的一段时间，恐怕等专利审批下来，这个合作的最佳商机就已经错过了。

就在卢彦急得如同热锅上的蚂蚁的时候，忽然想起一个人来。这个人是他一位大学老师的哥哥，在校期间，因为学电子专业的卢彦操作技术非常精湛，曾经帮助这位老师的哥哥修理过两次电视和冰箱，之后他们也曾保持过联系。而这个人就在有关部门工作，虽然和他不在一个城市，但他一定有认识的相关熟人或有办法解决这件事情。想到此，卢彦立即给这个人打了电话，向他说明情况。这个人满口痛快地回答说："卢彦啊，你不要着急，这件事很简单，明天我就给你们那儿的审批局打电话，要他们将你的申请资料调出来，把他们那边的签字、盖章都做好后，你立即拿着审批资料来我这，我领你去相关部门——签字盖章。这样就不用走报审流程，直接审批，两天多就能完事。"就这样，这个让卢彦等人头疼的政策审批问题迎刃而解，他们公司顺利地签订了与外商合作的合同，开创了公司发展的第一个里程碑。说起这件事，卢彦不无感慨地说："当初如果不是有我老师的这位哥哥帮忙，我们哪能应对得了政策流程的约束呢？虽然我们几个人急得如同热锅上的蚂蚁，但也只能是眼睁睁地看着到嘴的肥肉被别人叼走了。万幸啊，有这个政府熟人帮助我们一路过关斩将，以最简捷的方式完成了专利审批。"

可见，政府人情是有大用处的，因为很多让你无以应对的政策问题就如同一把把锁，锁住你发展路途中的一扇扇前进之门，而此时政府熟人就如同一把万能钥匙，有了它你就可以毫不费力地打开一把把锁，畅通无阻地前行。而如果没有这把钥匙，任凭你费尽力气也无济于事。因而要在兵家商场赢取一席之地，顺利地博取成功，政府人情是必不可少的。

行业"人情"为你开疆扩土

在行业领域中处处充满商机，也处处充满着竞争，有人在行业竞争中如鱼得水、游刃有余，有人则在行业竞争中阻碍重重、寸步难行。而究竟是什么造成了同一行业中不同商家的差别境遇呢？商家又应该怎样去破除困境、抗衡竞争，在行业领域中开疆扩土、大步前进呢？这其中不容忽视、必须掌握的绝密利器便是"行业人脉"，也就是通常所说的"行业人情"。

行业是商家谋求发展的领域所在，是商家开创事业、博取成功的重要基地。在行业领域中处处充满商机，也处处充满着竞争，有人在行业竞争中如鱼得水、游刃有余，有人则在行业竞争中阻碍重重、寸步难行。而究竟是什么造成了同一行业中不同商家的差别境遇呢？商家又应该怎样去破除困境、抗衡竞争，在行业领域中开疆扩土、大步前进呢？这其中的奥秘其实很简单，除了商家自身的发展能力、潜力、素质条件外，另一不容忽视、必须掌握的绝密利器便是"行业人脉"，也就是通常所说的"行业人情"。

行业人脉就是指与你在同一行业圈中做事的人。这些人或者与你做着类似的工作，或者做着与你所从事的商业领域具有某种相关性的工作。如果将行业人脉的概念具体化，它包括两个层面的含义：其一，行业人脉从狭义上讲，就是指你的同行中有与你从事同一领域相关工作的人；其二，行业人脉从广义上讲，还包括你的客户、你的合作伙伴、你的商机贵人等一切可以协助你、扶持你进行自身发展的人群，以及一切你发展商业所需要的各式各样的人群。

狭义的商业人脉可以提供给你各种信息，扶助、提携你在商场的成长与发展，广义的行业人脉无疑就是你在兵家商场谋求生存发展的根基与命脉。从这个意义上讲，行业人脉无疑最具备你发展商业所必需的资源与能源，可以说，这些人所具有的相关条件与能力是足以保障你自身发展的巨大能源站，它就像是一座巨大的宝藏，如果你能够将其中的价值完全开发出来，就足以保证你的商业发展扶摇直上、直冲云天。因而我们说，"行业人情"是保证你事业开疆拓土的重要利器，拥有坚固的行业人脉，你便可以拥有无限的商机，同时拥有无限把握商机、促使商机转化为财富的能源与动力。

世界著名企业家亚力山卓·福特曾说："在商业领域中，人脉非常关键，我用心经营人脉甚至胜过用心经营管理，并且在所有人脉当中，我最关注的就是行业人脉，因为行业人脉是企业发展的根本所在。"

当初，在福特开始创业的时候，他的企业只是一个仅有几个办公人员的小公司，并且他的客户仅有12个人，但是在几年之后，福特的企业声名鹊起，客户发展到难以计数，尤其是近几年来，福特公司已成为世界知名企业。谈及公司如此迅速地发展的辉煌业绩，福特将其中最重要的成功因素归结为"行业人脉"。福特说："不要小看我们最初的仅有的12名客户，如果我们能够与这12名客户成为朋友，使得他们愿意为我们介绍新客户，那么在一段时间之后，这12名客户就会成为24名客户，这是最低的估算。而事实上，有可能他们每个人都可以再给我们带来12名客户，以此类推，有一天我们的客户群将数不胜数。"福特通过回访、提供免费帮助等方式赢得了最初那12名客户的信赖，使得他们的关系从合作客户变成了知心朋友。这一行业人情的成功建立无疑对福特的发展起到了巨大的推动作用。

福特说："我们的业务领域是否能够达到预期的拓展效果，关键在于我们如何去经营自己的这些行业人脉，是否能够与之成为朋友。如果我们的产品与服务都能做到以诚信为重、以人性化为重、以真心与真情为重，再加之我们勤奋不辍的努力，就一定能够建筑起一个庞大的人脉，使我们的商业领域开疆拓土。"

亚力山卓·福特的经验之谈告诉我们：建筑行业人脉，必须善于将结识的客户等相关人群发展为行业人情，以此来建筑我们自身发展的基地与沃土。简而言之，就是与这些行业人脉资源成为朋友，让人情关系成为帮助你"拉客户"的"强兵"。而这一行业人脉的建筑，就如福特所言，要以诚信为原则、以人群的内心需求为基准、以真情服务为催化，使我们自身具备一种能够诚服他人的吸引力与能够赢得他人信赖的魅力。

从客户等相关人群出发建筑行业人脉，是行业人情的广义建设，另一方面我们还必须做行业人情的另一层次的建设，即对行业内人士的人脉建筑。要知道，行业内人士蕴涵着我们发展所需的巨大价值资源。

查尔斯是一家保健器材销售中心的经理，他的公司总是能够比别人的保健器材销售中心多出好几倍的效益，并且会以最优的价格拿到进货，再以最快的速度卖出手中的存货。他的保健器材销售中心在经营两年后，便在本省的几个市区开立了连锁店，效益颇丰。很多人都对他的经营秘诀非常好奇，而谈及这些年的发展经验，查尔斯说："我的公司经营与商业拓展没有任何诀窍，原因很简单，就是我和我的批发商总部经理成为了朋友。"

查尔斯的成功告诉我们：建筑行业人脉，就要懂得与有价值的业内人士成为朋友，与之建立起人情关系，从而使自己的商业拓展获得更多的便利条件。而如何与其成为朋友，成功建立起行业人情，这就全在于交友之道了。

总之，行业人情帮助商家拓疆扩土，建立行业人情就是要求我们与自己商业经营范围内的一切相关人士，包括客户、同行、相关业内人士等人脉建立稳固的关系，使之成为我们的朋友，从而获取便利条件与有力的帮助。

技术"人情"是发展的基础

技术是商家发展的基础依托，如果没有技术，商家就无法在实践中获得发展、创造财富。商家在遭遇技术障碍问题时，因为自身不具备解决此类问题的相关专业知识，经常是焦头烂额却又无能为力，只能向技术人员求救，而这一求救过程却很难顺利地保证时间的有效性。如果此时你能够有"技术人情"作保障，那么这些问题不就能在最短的时间内以最为便利、最为有效的方式解决吗？

有人说："技术精湛，遍地黄金。"对于商家来说，技术的重要性不言而喻，技术就是创造财富的工具，就是解决疑难问题的利器，就是保证生产以及管理正常运营的保障。在商业经营与企业管理中，商家无疑是需要管理技术、生产技术、维修技术、专业技术等各种技术条件来保障自身的运营发展的，技术就是将理论实践变为财富的转换工具。从这个意义上讲，技术就是商家发展的基础依托，如果没有技术，商家就无法在最为科学有效的实践中取得发展、创造财富。

无可否认，任何一个商家都有对技术的需求，然而在现实运营中我们却难以避免地遭遇一些技术障碍，有时这些技术障碍不能及时解决，便会给公司的发展运营造成阻碍，甚至会导致非常恶劣的后果。商家在遭遇技术障碍问题时，因为自身不具备解决此类问题的相关专业知识，因而经常是焦头烂额却无能为力，只能向技术人员求救，而这一求救过程却很难顺利保证时间的有效性。这时，对技术人脉的需求就会体现得极为迫切，如果此时你能够有"技术人情"作保障，那么这些问题不就能在最短时间内以最为便利、最为有效的方式解决了吗？

例如当你的某一办公设备或生产设备出现问题时，找厂家维修或找专业维修中心维修是既浪费时间又烦琐，此时如果给你的技术朋友打一个电话，他就会在最快时间内赶到你的公司，为你解决设备故障；当你的产品生产出现技术问题或需要创新，却不知如何排除障碍和加以改进时，如果你有一个技术朋友，他就会尽全力地帮助你、指点你，为你做好产品改进和研发保障工作。类似的例子不胜枚举。在商业运营与发展中，技术就是保证运营发展的根本，因而技术人情就是你实现效益、取得成功的基础保障。

在电视剧《乡村爱情》中，谢永强执著地发展果园、打出温泉的事情给我们留下了非常深刻的印象。而谢永强的果园发展真的只是凭借他自己的智慧与力量做到的吗？显然不是。在他身边先有军师王技术员，后有技术指导陈艳南。我们看到，在谢永强的果园发展过程中，从最初的如何选址、如何栽种、如何培育，到后来发展中所遇到的一系列问题，都是王技术员在悉心指导谢永强怎么做，给他讲解如何去发展，为他排除一切发展中的障碍，在问题出现时总是帮助谢永强以科学的技术方式解决难题。尤其是在谢永强打井遇到问题时，王技术员依据自己的技术分析，认定这个选址没有错误，坚持让谢永强不要放弃，最终打出了温泉。王技术员的尽心尽力远远超过了一个员工的工薪范畴的工作，而这其中的缘由完全是因为他与谢永强成为了朋友，他们之间有深厚的情谊基础。在谢永强果园发展的后期，陈艳南的出现无疑给他的果园建设提供了相当丰厚的技术资源，而陈艳南之所以会全心全意地帮助谢永强，也是因为谢永强的随和与亲切使得他们成为了好朋友。

试想，如果谢永强不用一片真心去对待王技术员与陈艳南，他们会愿意如此尽心尽力地帮助谢永强吗？如果谢永强没有这样的技术人脉作为果园发展的基础保障，他的果园还谈什么发展与未来呢？显然，与技术人员结交、获得技术人情对自身发展是极具价值的，失去"技术人情"方面的朋友便等于失去了自身发展的基础。

王新于2009年创建了自己的养殖场，主要饲养肉食家禽。刚开始，他按照书本的指导方法去操作，养殖场的基本运营还算正常，家禽没有出现任何不良反应与特殊状况。然而，随着时间的积累，一些细节问题与技术缺陷便逐渐显露出来，例如增产的缓慢、病菌的出现、与指导书内容不符等情况——出现，显然理论与实践的磨合是书本所不能解决的。养殖场出现的一些状况令王新忧心忡忡，他从没有过养殖经验，不知道该如何解决这些问题。一天，他在与同学吃饭时，聊到这些情况，同学听后急忙说："王新，你别着急，我认识一个朋友，他有这方面的经验，他在农业大学就是学这个专业的，现在就在市里的养殖基地工作。明天我约他出来，你们见个面，你若能和他成为朋友，保证你的养殖场不会再出现任何技术问题。"听了同学的话，王新就如大旱天里遇到了"及时雨"一样，他主动和同学介绍过来的这位朋友交往。自从认识了这位专业人士之后，王新的养殖场再没有出现过任何状况，而且王新在这位朋友那里学到了很多专业养殖技术和实践操作经验，渐渐地王新也成了养殖高手，他的养殖场发展得非常好。

可见，技术是保障发展的根本基础，而技术人情则是你克服技术障碍的最便捷、最有利条件。因而对于技术人脉的建筑不可小视，做好技术人情，你的发展将会如鱼得水，从而实现自身的无障碍发展。

媒体"人情"帮你提升知名度

在商家的竞争中，谁不希望自己可以凭借媒体机构与媒体平台来做到品牌宣传与知名度的提升呢？媒体宣传广泛提升知名度，虽然是兵家商场亟需的提升竞争力的绝佳途径，但却并不容易掌握。但是，如果商家在媒界存在人脉，那么这样一种需求与其难以实现之间的矛盾还会存在吗？显然，这一矛盾会因为"媒体人情"的存在迎刃而解。

对于媒体的传播宣传力量大家都非常了解，这一信息传播平台对于某一事件、某一事物、某一单位或个人的宣传、提升力度无疑是具有超凡力量的。

在商家的竞争中，谁不希望自己可以凭借媒体机构与媒体平台来做到品牌宣传与知名度的提升呢？然而媒体的宣传总是具有选择性的，杂志、报纸、电视台等媒体宣传显然都是选择那些颇有名气的知名企业或者已显露出良好发展态势的企业以及做出过突出贡献的商家来进行采访报道的，他们很难将目光锁定在大批的"默默无闻"的企业与商家身上，但这些"默默无闻"的企业与商家却非常需要媒体的宣传来提升知名度。在这样的情况下，资金势力雄厚的企业与商家或许还可以走第二途径——广告，以电视广告、投资赞助、商业网站宣传等广而告之的方式来进行自我宣传。然而，这种方式无疑是需要相当高的资金作后盾支撑的，对于一些正处在创业初级阶段的企业与商家而言，这是难以支付的一项成本投资。尽管在创业初期非常需要提升宣传的力度，但投资不当很容易使企业与商家自身的发展陷入困境。想当年，秦池酒业不正是因为不计后果地投资央视黄金时段的广告而最终引发资金成本超负荷，导致企业破产的吗？

可见，利用媒体宣传提高知名度，虽然是商家提升竞争力的绝佳途径，但却并不容易掌握。如果商家在媒界存在人脉，那么这样一种需求与其难以实现之间的矛盾将不复存在。试想，如果你有一个熟人朋友在媒界工作或者他具有这方面的资源，他会不会帮你争取媒体资源进行宣传提升呢？答案非常简单，如果你们之间的关系"够硬"，这点忙那真是小事一桩，你大可以最低的成本来获取最优的媒体资源。

李健在去年年初创办了自己的灯具城，短短一年时间内，李健的灯具城享誉全省，很多外省市的单位和个人都愿意到李健的灯具城来选购灯具，或者通过网络在李健的灯具城订购灯具。短短一年时间，李健的灯具城不但收回了创业所投的全部本金，而且还效益颇丰。而李健迅速取得成功的关键，除了他的灯具城所销售的灯具风格别具一格、质量可靠之外，有力的媒体宣传也为其声名远播起到了非常大的作用，使得他的灯具城不仅成为全市最具人气的灯具销售中心，还在全省范围内占得了一席之地。

原来，李健有一个朋友是本市一家商业杂志的副主编，这个朋友叫王强，是李健大学时期一位校友的朋友。李健在毕业之后的同学聚会上，经同学介绍认识了王强，两人非常谈得来，因此成为了朋友。当时李健就有创业的想法，只是时机还不成熟，正处于创业准备阶段，他深知王强工作的媒体资源优势，明白这一资源优势对于自己未来创业会有极大的帮助，所以刻意与王强走得很近。半年以后，李健提出了要创办灯具城的想法，王强听后随即表示，如果需要媒体宣传他一定会尽力协助李健，并对李健说灯具城很具发展潜力，要他抓紧时间准备。在李健的灯具城创办之后，王强先是通过业内朋友关系找到本市电视台的熟人，在李健灯具城的开业庆典上进行了全程录像，并以"大学生自主创业，开拓人生"为题，对李健进行了独家专访。庆典录像与独家专访在电台播出之后，李健的灯具城立即成为全市市民与企业的关注对象，每天客流量不断，出现了非常乐观的发展态势。之后，王强将独家专访深化，在他主编的商业杂志主版进行了推荐报道，使得杂志畅销的市区都了解到了李健的灯具城。两个月以后，王强专门为李健的产品制定了品牌宣传策划，并制定了展销方案。总之，从李健灯具城成立的最初一直到之后的发展过程，王强都一直通过媒体关系对其进行宣传，这大大提高了灯具城产品的知名度。尤其在国庆的时候，省内要对各个市区的先进创业代表进行专访报道，王强在得知这一消息后，立即通过同事关系向省电台举荐了李健的灯具城，使得李健的灯具城在全省一举成名。在此之后，李健成为省大学生自主创业的先进代表，其灯具城也成为全省的知名企业，受到了社会公众的极大关注。

谈及灯具城的发展，李健不无感慨地说："如果没有王强帮助我做了大量的媒体宣传，并为我制定了一系列的产品宣传方案与产品知名度提升方案，我的灯具城不可能以这样的速度迅速成长，更不可能在一年时间内就成为省内闻名的企业。我相信，有了这一前期宣传的铺垫，我的灯具城五年之内一定会成为全国知名企业，一定会发展成为具有一定规模的大企业。"

正如李健所言，如果他不具备如此便利的媒体资源优势，怎么会如此顺利地提升自己的知名度呢？可见，媒体人脉对商家发展的作用是多么重要啊！因而可以说，拥有媒体人情，你就会如虎添翼，以迅速提升的知名度为你网罗人气与财气。

中 篇

商战博感情——大商家赢在无硝烟处 —————————————

Chapter 7　博取客户感情，赢得最大的合作

　　客户是商家运营销售的终端，是将企业运营转换为资金效益的流通渠道。可以说客户就是企业与商家的命脉所系，没有这一群体依托，商家的运营发展只能是纸上谈兵、空中楼阁，多么美好远大的未来发展计划都形同海市蜃楼，永无实现之日。显然，客户对于企业与商家的重要意义是毋庸多言的。因而在社交中，是否能够博取客户情感对企业自身发展具有至关重要的作用。而客户情感要怎样去博取，与客户交流应该注意哪些事宜，怎样才能够在愉悦、融洽的氛围中实现与客户的最大合作，这些问题却是困扰商家的枷锁。在这一章，我们将为你铸造一把开启这副枷锁的钥匙，使你得心应手地在社交场合与客户周旋，有效赢得客户的好感、信赖以及情感支持。

与客户不仅是金钱关系，也是一种情感关系

　　金钱关系只是商家与客户之间普遍存在的一种表面关系，除此之外，双方之间在本质上还存在一种情感关系，从某种意义上讲，商家与客户之间的情感关系远远比金钱关系更具意义。因为简单的金钱关系只会为你带来浮动的客户，而本质的情感关系却可以为你稳定住浮动客户，将浮动客户发展为长期固定的客户，而且还可以通过他们发掘出更可观的潜在客户。

客户是商家运营销售的终端，是将企业运营转换为资金效益的流通渠道。可以说，客户就是企业与商家的命脉所系，没有这一群体依托，商家的运营发展只能是纸上谈兵、空中楼阁，多么美好远大的未来发展计划都会形同海市蜃楼，永无实现之日。显然，客户对于企业与商家的重要意义是毋庸多言的。

谈及客户与商家的关系，很多人也许会阐述得很简单也很明确。客户通过金钱消费在商家那里购买需要的产品和服务，而商家则通过向客户销售其需要的产品和服务以获得金钱利益，这样的关系无疑是一种各取所需的利益关系，尤其是对于商家而言，这无疑是一种赤裸裸的金钱关系。如果你的认识也仅仅停留在这一层面上，那么你一定不是一个具有开拓巨大成功潜质的商家，为什么这样说呢？因为金钱关系只是商家与客户之间所普遍存在的一种表面关系，除此之外，双方之间在本质上还存在一种情感关系，而且从某种意义上讲，商家与客户之间的情感关系远远比金钱关系更具意义。因为简单的金钱关系只会为你带来浮动客户，而本质的情感关系却可以为你稳定住浮动客户，将浮动客户发展为长期固定的客户，而且还可以通过他们发掘出更可观的潜在客户。

举一个简单的例子，一位客户到你的店里来买东西，如果你完全是因为各自利益所需的金钱关系促使交易完成的，那么他下一次可能会再来你的店里购买，也有可能会因为对你的服务态度不满意而选择其他商家的产品，这样你就会因为你的服务态度而丢失了一个有可能成为回头客的客户。而如果你以情感投入服务，以真诚与真情打动这位客户，那么他如果有需要肯定还会再来你这里购买产品，而且会在几次交往之后成为你的"老主顾"。有了这样的情感基础作保证，如果他的朋友有需求他也一定会积极主动地推荐他们到你的店里来。这样两种对待客户关系的不同态度，就是现实生活中有的商家"招财"，而有的商家与"财神"无缘的缘由。既然与客户建立情感关系如此重要，那么商家如何才能赢得客户的情感呢？

要知道，人都是具有情感的，对客户进行情感投资，就是要求商家不但要提升服务质量，同时还要不断提高客户满意度。商家要使自己的服务人性化、精细化、生动化，就要从客户的需求心理出发，尽量使客户达到最大程度的满意，减少客户的不满与抱怨心理，以此来提高客户的忠诚度，稳定自己的产品市场。在商家与客户的情感交流案例中，有这样两个经典的小故事。

故事一：

一家医药公司的药品销售代表，一次负责向一家省知名大医院推销药品，争取长期的合作机会。谁知这位医药代表所遇到的负责该种药品应用的医生非常难缠，而且不为利益所动，这位医药代表费尽周折、煞费心机也没有办法"攻下"这位医生，药品销售依旧毫无进展。正在这位医药代表愁眉不展、无计可施的时候，他发现这位医生的右腿因为曾经在内蒙古下乡时得过风寒而留下了病根，一直到现在疼痛还经常发作。发现这一信息之后，这位医药代表立即给自己正居住在内蒙古的母亲打了电话，要母亲按照当地的偏方缝制了几副鞋垫，这种鞋垫是加入当地草药并按照脚步穴位的位置以不同针法缝制的，对缓解腿部关节疼痛非常有效。几天后，当这位医药代表将从内蒙古邮寄过来的几副鞋垫交给那位医生时，医生立即被医药代表的细心与真诚感动了。在送走医药代表之后，这位医生立即向医院做了与该家医药公司建立合作关系的报告，并与医药代表签署了长期合作的合同。这位医药代表通过以情动人的真情推销方式，使其医药销售获取了成功。

这个医药代表的故事告诉我们：商家与客户之间不存在无法攻克的沟通障碍，关键在于你是否能够以真诚的情感沟通方式去打开对方的内心。人与人之间的沟通是需要感情进行催化的，唯有以情感打动客户的内心，以真诚赢得客户的情意，才能赢得客户的信赖以获得商机，并且这种以真情为基础建立起来的客户关系才可以稳固坚韧。

故事二：

一家碳酸饮料公司的一名业务员，在一次拜访某位客户时看到这位客户正在办公室午睡。当时正是夏天，天气非常炎热，这位客户满头大汗地趴在办公桌上，看样子非常不舒服。业务员见状，立即拿起放在办公桌上的扇子，在旁边为客户轻轻地扇凉。过了20分钟，当这位客户醒来的时候，发现业务员正在为自己扇扇子，感动得不知如何是好。他被这位业务代表的"热情服务"彻底征服，在此之后，这位客户与这位业务代表签署了长期合作的合同，而且后来陆续向业务代表推荐了几位长期合作的大客户。

这位业务员热情服务的故事告诉我们：商家与客户之间的情感培养，需要商家能够放低姿态，从细节入手去征服客户的心，从而赢得客户的情感，建立牢固的合作关系。

总之，商家与客户之间情感关系培养的意义远远重于其金钱关系的利益纠葛。如果在与客户交往中，你为了蝇头小利而与客户斤斤计较，为了自己的身价而与客户发生冲突，那么你损失掉的将是更大的利益与更高的声名。反之，如果你能够做到以真心去关怀客户，你所收获的一定是更为丰厚的利益回报。

没有真诚和热情，就不要妄想打动谁

哲人说："人们都是喜欢真诚与热情的，就如同生物喜欢太阳一样。"这种真诚与热情是一种人与人之间心灵彼此温暖的体现，因而它独具魅力。在商家与客户的交往过程中，如果你能够运用这一情感"攻心术"去打动对方的心，那么没有什么合作是不可以达成的。但是，如果没有真诚与热情，你就不要妄想去打动任何人。

古人说："精诚所至，金石为开。"这句话所阐述的道理很简单，就是要求人在为人处世时要讲究一个"诚"字，它一方面包含了人在做事时不气馁、不妥协的坚持精神，另一方面也包含了人在与他人打交道时真心实意、热情主动的处事原则。在任何情况之下，人唯有以"诚"待人，才可赢得他人的好感与信赖，因为"诚"是开启人心的金钥匙。要知道，真诚与热情是从你的心底发出的光与火，它就如同温暖和煦的阳光一样播撒在他人心中，使得他人感受到温暖与愉悦。在这样一种和谐的温暖与愉悦当中，他人又怎么会不对你产生信任与情感呢？

哲人说："人们都是喜欢真诚与热情的，就如同生物喜欢太阳一样。"这种真诚与热情是一种人与人之间心灵彼此温暖的体现，因而它独具魅力。在商家与客户的交往过程中，如果你能够运用这一情感"攻心术"去打动对方的心，那么没有什么合作是不可以达成的，没有什么销售是不可以实现的，甚至对方有时仅仅是因为被你打动，而将原本的"不需要"改变为"需要"。

在销售业的销售群英谱中，排名榜首的是逸景翠园销售冠军马咏维。他的销售业绩令很多人惊骇不已，很多人都非常想知道他的独家销售秘诀，而面对大家的惊异与询问，马咏维只是微笑着说："我什么绝密之计都没有，我有的只是一颗真诚的心与一份热诚的服务态度。我对待我的客户从来都是发自内心地将他们视为家人一样，全心全意地去为他们考虑、去帮助他们解决问题，因而他们都愿意相信我，愿意购买我所推荐的楼盘。"事实正如马咏维所言，在逸景翠园的房产销售中，马咏维在向客户推销每一处住房时，都完全是根据客户的希望与要求去考虑，尽力做到让客户满意的。

有一次，一位客户要买一套楼房，可是房地产中心暂时没有与这位客户的要求相吻合的楼盘，而这位客户在这之前已交了6万元的定金。因为当时接待他的那位销售员说有完全符合他要求的户型，而那位业务员因为私人事情已经在一个星期前辞职了，就由马咏维接替了他手上没有处理完的业务。当客户得知这一情况之后，立即就有些恼火了，他当即表示或者退定金，或者提供一套符合要求的楼房。同事见状就悄悄地对马咏维说："你先向他推荐一套要求类似的楼房，然后引导他转变喜好倾向，总之你先稳住他，而后向他推销其他户型。"谁知马咏维却没有听从同事好心好意的"劝告"，他直截了当地对这位客户说："对不起先生，我们刚刚又仔细查询了一遍，我们这里的确没有符合您要求的户型，之前是我们的工作做得不认真，还请您谅解。您如果不着急就先等一段时间，等有了符合您要求的户型后我会立即通知您。如果您非常着急，就请先到其他房产公司看一看，同时我也会帮您留意市内其他房产中心的户型情况。至于定金，半个月后如果您已在别处选购了住房，或者我们仍旧没能为您提供一套完全符合您要求的楼房，我们一定会退还给您的。现在如果我为您提供一套要求相似的户型不是做不到，而是它不完全符合您的心意，这总会是您的一种遗憾。一套住房很重要，希望您能够耐心地等待一段时日，以寻找到一套最符合自己心意的楼房。"这位客户见马咏维态度诚恳，而且言之有理，便不再为难马咏维，并接受了马咏维的建议。

在这之后，马咏维联系到自己的业内朋友，搜遍全市的售楼资料，选到了一套完全符合这位客户要求的楼房。在得到这一信息之后，马咏维立即给客户打电话，对他说："您好，我已经在市内的一家售楼处帮助您找到了一套完全符合您心意的户型，因为我们这里的下一批户型还要再等一段时间才能下来，所以您如果着急就先购买这家售楼处的楼房吧。如果您需要，我明天立即带您过去看房，同时会把您留在我们这里的定金退还给您。"客户听后连声说"好的""谢谢"。谁知半个小时后，这位客户又打来电话对马咏维说："马先生，另外一家售楼处的那套住房我不用去看了，我和太太已经决定就在你们这里买房了，如果一段时间之后你们那里仍旧没有符合我们心意的户型，我们就改变心意，在你们那里另选一套楼房。请您不要多想，您为我们的购房费尽了心思，您到其他售楼处去为我们选户型，宁肯自己不赚钱也要满足我们的心意，您的这种真诚热情的服务精

134

神让我们夫妻非常感动，所以我们这笔钱一定不会让其他人赚，这套房子就在你们那里买定了。"听了这位客户的话，马咏维内心非常高兴、也非常感动，因为这是彼此之间真情意的体谅与温暖啊！半个月后，马咏维所在的逸景翠园售楼处果真有了一套完全符合这位客户要求的户型。在此之后，马咏维就与这位客户成了朋友，并且只要这位客户认识的人想要买房子，他都会将朋友带到马咏维这里来，并对朋友说："你就在这选房绝对没错，这位马先生保证会让你买到称心如意的房子，绝对不会有任何欺骗你的行为。"

马咏维的故事充分说明了一个道理：要想打动对方的心，首先要敞开自己的心，只有用真心去打造钥匙，才可开启另一扇心门。

这个世界上，拉开人与人之间距离的，不是陌生也不是仇怨，而是心与心之间的隔阂，只有用你的真心去暖化他人的心，你才可以收获到真情意。商家与客户的交往也是如此。你想让对方诚服于你、信任你，愿意与你合作，你就应该先以真诚与热情去消除对方内心的防范与隔阂，使之敞开心扉接纳你。如果你没有真诚与热情，就不要奢望去打动别人，更不要奢望别人去无条件地信任你。

用生动的肢体语言和声音语言打动客户

肢体语言与声音语言被行为学家定义为人类交流情感、沟通内心的两种最基本的表达方式，有效运用这两种表达方式会达到打动对方心扉的效果。因而在与客户交流的过程中，如果你能够有效运用生动的肢体语言与声音语言去和客户交流、打动客户，那么你就会收获意想不到的效果。

莎士比亚说："沉默中有意义，手势中有语言。"这句哲言表明了人与人在沟通交流中的一种极为重要、独具意义的沟通语言的存在，即肢体语言。另一位哲人说："你的声音，就是打动他人的乐器。"这句名言则表明了与肢体语言同样重要的另外一种沟通语言的存在，即声音语言。肢体语言与声音语言被行为学家定义为人类交流情感、沟通内心的两种最基本的表达方式，有效运用这两种表达方式会达到打动对方心扉的效果。因而在与客户交流的过程中，如果你能够有效运用生动的肢体语言与声音语言去和客户交流、打动客户，那么你就会收获意想不到的效果。

举一个简单的例子，当你和某一客户进行交流时，你面无表情、动作僵硬，像一根木头似的戳在那里和对方讲话，你给人的感觉会是什么呢？那就像一个正在播放录音的录音机，试想这样的交谈方式能够引起对方的兴趣、能打动对方吗？你看，演讲家、宣传家他们能够做到激情地煽动他人的情绪，他们无一不是眉飞色舞、声调激昂、手势翻飞，没有一个人是形同一个播放录音的录音机。他们之所以能够成功地做到打动听者的心，完全是因为他们完美地运用了口头语言、表情语言、肢体语言以及声音语言。

首先我们来了解一下肢体语言。肢体语言是与口头语言相对应的一种信息沟通方式，它会向对方传递你的心理动态与你的心理意愿，而且比口头语言更具感染力。著名非语言沟通首席研究员雷·伯德威斯特尔说："在两个人的谈话或交流中，口头语言所传递的信号实际上还不到全部表达意思的35%，而双方之间其余65%的信号必须是通过非语言信号的沟通来完成的。其中，肢体语言为较大部分。"

用生动的肢体语言打动客户，就要做到用热情的眼神去感染顾客。眼睛是心灵的窗户，是人与人之间进行情感交流的窗口，因而商家要懂得用眼睛这扇窗户向对方的心灵播撒阳光与温暖，让对方感受到你的真诚与友善。行为学家这样阐述"眼神"的作用："销售人员应该勇敢地迎接客户的目光，这样才会让对方感受到你的心底坦诚。"

用眼神打动客户，需要你在与客户交流时有效地把握好你的眼睛视线所停留的位置、你的眼睛注视对方的时间。通常情况下，对方双眼与唇部之间的三角区是销售人员视线停留的最佳位置，并且注视对方时间过短会被人误认为你诚意不够，注视对方时间过长会让对方感觉不舒服，所以你的视线停留要注意"节奏的调节"。同时，与客户交谈一定要使自己的眼睛保持在炯炯有神的状态，目光集中，这样才会给对方一种信任与被重视的感觉。

用生动的肢体语言打动客户，就要做到用真诚友善的微笑去灌注客户的心田。著名的推销家们都信奉一句话："微笑，在现代销售技巧中，已经成为销售人员与客户沟通所必须具备的交流工具。"要知道，微笑是这个世界各种人群中最为通用的语言，它向对方传达的是一种友善、一种真诚，微笑无疑是一种礼貌而美好的情感传递，最具打动人心的效应。世界著名大酒店希尔顿饭店的创始人希尔顿说："微笑，在现代商业中所占有的意义已经远远超过语言所占有的意义。"

以微笑打动客户，需要你真正理解微笑的含义，并妥善运用好微笑的艺术。微笑仅仅是一种简单的面部表情，微笑所体现的无疑是一个人的精神面貌与内心喜怒。因而你应学会使用发自内心的微笑去面对客户，而不是使用"为了微笑而微笑"的表情符号去逢迎客户，不然"强颜欢笑"的职业化微笑方式反而会招致客户的反感，因为这样的符号化表情传达的是虚伪与敷衍，而非真诚与热情。要善于运用发自内心的微笑去与对方交谈，同时要注意自己微笑的"幅度"。通常情况下，和煦如春风的礼貌微笑是涵养与素质的体现，会让对方感觉到被关爱、被尊重，而发出太大声音的微笑则表现夸张，会使对方感觉不自在。

用生动的肢体语言去打动客户，就要懂得运用得体的动作去增加对方的亲切感与友善感。比如你表示认同与赞许的轻轻点头、你充满热情与友好的礼貌握手，比如一个用手做出的"请"的姿势、一个表示谦恭的"让"的动作，比如你体贴入微的表示关心与照顾的动作，再比如你在讲解产品说明时所使用的与阐述内容相配合的手势与动作等，这些肢体动作所传达出的信息会更具直观性与深入性，当然更具打动人心的效果。

在了解了肢体语言的作用与运用之后，我们再来关注一下声音语言。想一想，为什么生活中有人一开口说话就让人感觉舒服、很想继续听下去，而有人一张嘴说话就给人一种想要立即结束交谈的不舒服感呢？这与一个人说话的声调与语气有着重要关系。

举一个简单的例子，同样是对他人说一句"对不起"，如果你用温和而下滑的语气说出来，会让人感受到你的诚意与歉意，因而别人会更愿意接受你的道歉。而你如果用生硬而上扬的语调说出来，则会使人感到你这句道歉言不由衷，甚至会感觉你在"挑衅"，因而别人不但不会从内心接受你的道歉，反而会对你产生一种反感。再比如你在与人谈话时语调抑扬顿挫、热情饱满，会很容易带动对方的情绪，使其形成一种和你的共鸣感。而如果你在与对方交谈时，语气无力、若有所思，则很难使对方进入交流状态，无法打动对方的意识。

因而归结起来说，运用声音语言艺术，就是要求你在与客户交谈时，掌握好语气、语调和声音的弹性，尽量让你的语言音调给人一种礼貌、谦恭、友善的感觉，并要以足够热情、自信、肯定的语气去煽动、感染对方，以声音为磁场，将客户吸引到你的谈话主题范围内。

产品可同质化，而卖产品的人无法同质化：先做人，后做生意

经商要先学会经营自我，唯有做到此，才可有人格资本在商场竞争中赢得一席之地，才可在人山人海中赢得自己的客户与市场，才可成为声名远播的成功商家典范。尤其在现代社会的兵家商场，产品极易做到同质化，这已经成为很多企业发展的瓶颈障碍，而商家的人品却是永远不能被同质化的。

先做人而后做生意，这是自古以来的经商之道。其所阐述的哲理思想

就是，经商要先学会经营自我，这个自我的经营又是一个怎样的概念呢？这就要求商家要懂得做人之道，做一个正直、诚信、守法、具有爱心与责任心的人。唯有做到此，才可有人格资本在商场竞争中赢得一席之地，才可在人山人海中赢得自己的客户与市场，才可成为声名远播的成功商家典范。这一过程无疑是一种以"德"转化资本的过程，因为只有你先以你的口碑与信誉赢得社会与公众的认可，你的商业经营才会顺水行舟、一帆风顺，才能实现财富积累，实现辉煌的成功。

尤其在现代社会的兵家商场，激烈的竞争显然已经成为商家的必备之战，应对竞争的方式有很多种，包括产品的创新与品牌的打造，也包括商家信誉与商家形象的塑造，并且在某种意义上讲，后者的竞争力比前者更具持久性，也比前者更具强力性，因为产品极易做到同质化。在现代社会，产品的同质化已经成为很多企业发展的瓶颈障碍，例如优格乳在成名之后立即仿造而出的优先乳，这两种饮料的口感、味道、成分并没有什么可以区分的本质区别，消费者更倾向于购买其中的哪一种，显然完全是由个人对两种饮料的不同情感因素决定的。在产品极易被模仿的同质化形势下，现代商家单纯依靠产品来实现有力竞争显然是不具优势的。

在这种情况下，注入情感因素的客户情感竞争无疑优势突显，因为产品虽然极易同质化，而卖产品的商家服务与商家品性却不易同质化，它完全属于个人品性范畴。而有力地赢得客户的情感与信赖，商家就必须从做人的基本原则出发，以诚实守信、真情真意、爱心关心去塑造自己的商家信誉与商家形象。因而我们说，要想在当今竞争激烈的兵家商场中谋求生存、赢得发展，你就必须先学会如何做人。

做生意要先做人，就是要求商家必须在企业经营与自我经营中以信用为重，在树立自己品牌诚信的同时，树立自己的做人诚信。尤其是在企业利益与客户利益发生冲突的时候，一定要做到以客户利益为重，以牺牲眼前的自我利益来赢得客户情感，以此来维护自己的商家信誉形象，赢得公众的长期信赖，从而实现更为丰厚的长期利益。

日本著名企业家小池，在20岁时就开始进入推销行业，凭借着自己超凡的销售经验与艺术逐渐开创了自己的事业，成立自己的企业并因此声名远播。谈及商场成功之道，小池说："做生意其实十分简单，这其中的道理就如同做人一样。如果你首先学会了如何做人，你就学会了经商之道。"

在小池还在一家机械公司做推销员的时候，曾经发生过这样一个故事：某一段时间，小池的机械销售非常顺利，在一个多星期的时间内他就与三十多位客户签了订单，销售了三十多台机器。公司对小池的业绩也颇为赞赏，还许诺年终要给他的奖金翻倍。可是，就在这批机器顺利地销售出去之后，小池突然发现自己公司里的机器价格比其他公司具有同样性能的机器的价格要高许多。小池想，这样的差价让与自己签单的客户知道后，一定会形成对我们公司的不良印象，甚至会对我本人的信用产生怀疑。想到这里，小池感到坐立不安，此时在他心中多赚出来的提成与年终奖金的翻倍增长全部失去了意义，小池一心所想到的就是这样一种差价高利润销售会导致的不良后果。想到这些后，小池将此次订货的订单全部找出，逐家走访每一位签单客户，向客户如实说明了情况，告诉他们自己公司销售的机器价格比其他公司的机器价格高出很多，并坦诚表示，如果客户不愿意接受自己公司所出的价格，可以废掉签单、退回货款，重新去其他公司选择机器。小池这种诚心诚意的态度与他所表现出的为顾客着想的做法，使签单客户非常感动。结果，三十多位客户没有一位与小池废掉签单，反而都成了小池的长期客户。就在小池成立自己的公司之后，这三十多位客户也一直追随着他。更为重要的是，在这件事传扬出去之后，小池的经商魅力赢得了社会与公众的高度赞扬与信赖。社会与公众信赖小池，更信赖小池所成立的企业，因而小池在创办公司后，在短时间内便以飞快的速度形成了自己的客户人气，取得了突飞猛进的飞跃式发展。

小池的经商故事充分说明：经商如做人，以做人之本坚持经商之道，必能赢得利益与成功。作为一个商家，如果你的企业发展遇到障碍，如果你的经济资本遇到困难，你都可以逐步去克服。即便你的企业因为亏损而导致困境重重，你的个人事业因此而受挫，你也可以再度站起，重新再来。但是，如果你丢失了做人的基本诚信与良心，那么你就丢失了谋求发展的资本，永远也难再度翻身。

商家要永远记住：诚信经商、良心经商，不丢失人格与人品，才可保证拥有开拓发展的立足空间。

权威和专家受人推崇，要成为为客户解决问题的专家

如果你对你的产品都不足够了解，那么你还能够向谁去恰如其分地推销你的产品呢？如果你对你的产品所出现的专业问题都不能够解决，甚至不能够向客户阐述清楚问题所在，那么你又凭借什么去赢得客户对你以及你的产品的信赖呢？由此可见，权威与专业不是商家的"不需要"，而是商家的"必须具备"，因为只有你具备了权威与专业，你才能够赢得客户的信赖与推崇。

权威与专家，商家销售需要吗？也许你会说："我是商家，我主要负责的是将产品销售出去，而不是生产产品，也不是维修产品，我为什么非要去掌握那些专业人士所具备的技能与知识呢？我需要的只是足够的销售技巧，将我的产品卖出去就是实现我的利益了。"而事实真的如此吗？那么我问你，当你在产品销售中，顾客问及你的产品的相关功能，问及你的产品的具体维修措施，问及什么样的问题出现并应该怎样应对时，你都无法一一向顾客阐述明白，在这样的情况下，顾客还愿意选择你的产品吗，还会信任你的产品吗？简而言之，如果你对你的产品都不足够了解，那么你还能够向谁去恰如其分地推销你的产品呢？如果你对你的产品所出现的专业问题都不能够解决，甚至不能够向客户阐述清楚问题所在，那么你又

凭借什么去赢得客户对你以及你的产品的信赖呢?

由此可见,权威与专业不是商家的"不需要",而是商家的"必须具备",因为只有你具备了权威与专业,你才能够赢得客户的信赖与推崇。一方面,你因为你的专业水平博取了客户的信赖;另一方面,因为专业使你能更好地为客户解决实际问题,从而可以赢得客户的感激心理与情感同化。因此我们说,一个成功的商家必须能够做到"权威与专业",它是你立足于竞争市场的基石。

在某一大商场,内衣区里共有五家内衣专柜,而其中张女士的内衣专柜却明显比其他四家更具"招财力",她的柜台区总是客流量不断,而且成交率相当高,收益颇丰。相比之下,其他四家却显得生意冷清,来来往往的顾客在他们那里询问一番后,大部分最后都锁定了张女士的内衣柜台,选择了张女士的商品。这其中的原因究竟是什么呢?谈及这些,张女士笑着说:"我只是以专业服人而已,我觉得作为一个商家,要想得到顾客的认同与信服,自己必须能够说出让人信服的东西来。否则,现代购物大多都是货比三家,你没有真东西谁会相信你呢?"

原来,张女士为了做好自己的内衣专柜,学习了相当丰富的关于女性如何选择内衣的知识,而且对于各种款式的内衣的布料特点、功用特征、适宜人群等相关知识了如指掌。这样一来,当顾客来到她的店中选购内衣时,张女士可以根据顾客的不同需求为其选择最适合的内衣布料与款式,并且详细地为顾客讲述以后选择内衣应该如何去挑选、日常穿戴内衣都应该注意哪些问题。这样一来,张女士的成交量自然得到了保障,成交率甚至高达90%以上,并且张女士的内衣专柜几乎成了顾客的"内衣健康知识咨询专柜"。例如一些妈妈为自己正处在青春期的女儿选择内衣,通常都会到张女士的内衣柜台前来咨询,有一些患有乳腺增生、乳腺疾病的女士也经常到张女士这里来咨询应该选择什么样的内衣更有益于健康。当然,这些咨询的顾客在咨询与了解之后,自然免不了在张女士的内衣柜台选购一款适合自己需求的内衣。这样一来，张女士的内衣专柜回头客不断，慕名而来的新顾客也剧增，她的生意怎么能够不兴隆呢？

张女士的经商之道阐明了一个道理，即在商业经营中，专业客情具有不可忽视的重要作用，商家要想在纷繁激烈的市场竞争中赢得发展，就必须做好专业客情。所谓专业客情，就是指建立在专业水平之上的业务服务。做好专业客情就是要求商家在产品销售中，能够做一个以专业知识帮助客户解决实际问题的"专家"。

有时候，一些素质高或者要求高的客户，是不容易被商家所"施舍"的表面利益打动的，他们虽然也能够通过情感战术去攻克，但这需要花费商家很多的时间与精力，但是如果通过专业客情去攻克，则会取到事半功倍的效果。因为对这样的客户而言，专业客情正是他们内心的最迫切需求。在很多情况下，极具权威与专业性的专业客情，会以一种直入核心的最直接、最迅速的方式去打动客户，尤其是在客户遇到相关难题的时候，你的客情服务无疑就是一把开启你们合作之门的金钥匙。

而做好专业客情，做到以权威与专业解决客户问题，就要求商家能够对自己的产品知识了如指掌，并了解问题解决的技巧以及相关领域的知识，同时要求商家必须充分了解并掌握行业动态、产品结构，尤其是对自己产品的优势阐述，并且要做好专业客情，商家必须培养自己较好的表达能力与思维能力，丰富自己的行业经验和边缘知识，提高自己以专业知识解决实际问题的操作能力。这样你才会在问题发生时，有备无患、有的放矢，才能够赢得客户的推崇与信赖。

通过第三方证实我方能力，能很好地消除客户对风险的担心

在通常情况下，第三方都具有很好的法律担保作用以及信用说明作用，因而有了第三方的存在，会使得一方主体顺利得到第二主体的信任。因此我们说，商家如果能够有效做到以第三方证实自己的实力，那么便会

很好地消除客户对于风险的担心。

第三方，即指两个相互联系的主体之外的第三客体，他可以与两个主体同具联系性，也可完全独立于两个主体之外。第三方的存在一般都基于在两个主体之间发挥一种见证、担保的作用，主要是作为增进两个主体之间的信任度而存在的，例如在生活中我们常见的第三方认证、第三方担保、第三方采购、第三方测评等。

在通常情况下，第三方都具有很好的法律担保作用以及信用说明作用，因而有了第三方的存在，会使得一方主体顺利得到第二主体的信任。因此我们说，商家如果能够有效做到以第三方证实自己的实力，那么便会很好地消除客户对于风险的担心。

例如你与某一位客户进行一项非常重要的商业合作时，想要在客户那里获得一笔巨额投资，但是对方因为对你方公司的经营能力与发展能力不够信任，担心投资风险而犹豫不决，迟迟不肯答应与你方签署合作关系。此时，如果你能够出具有效的第三方证明，以第三方认证机构、认证资料作为实力证明，那么你便很有可能消除对方的顾虑，以此赢得对方的信赖，达成双方间的合作关系。

再例如你与某位客户签订一项合同时，你因为资金周转需求或者其他运营要求，需要对方先支付大部分货款而后再给对方供货，这时如果是在初次合作的情况下，客户难免会对你的信誉产生怀疑，不容易答应你的这种要求。而此时如果你能够找到一个具有足够担保能力与担保信用的第三方（或者个人，或者第三方企业）来作为信用担保，那么你便会很容易消除客户的顾虑，赢得合作的成功。

在商家与客户的合作过程中，第三方担保与第三方证明具有非常重要的、可以促进合作顺利进展的作用，而且被很多大企业、大商家普遍应用。尤其在现代社会的兵家商场当中，"第三方证明己方实力"的自我推销方式已成为大部分商家"独具魔力"的推销方式。

利用第三方来证明己方的实力，除了上述例子中所提及的以简单的认证资料、机构说明、他人证明等直接方式的"第三方证明"来说明己方实力外，你还可以采取"引用第三方资料"的方式来作间接的第三方证明，这一概念是什么意思呢？

举一个简单的例子，当你在向某一客户介绍自己的产品时，你不要仅仅向其介绍你的产品如何具有优势，而要向其说明你的产品已经赢得了哪些比较有名气的人物和企业的青睐，已经获得了哪些突出的成功，同时如果方便的话，你可以将你方与一些知名人士和知名企业合作的证明材料或者某些客户通过与你方合作而获取发展成功的经典案例材料拿给对方看。这样一来，对方就会在心里产生一种想法：某著名人士都与这家公司进行了合作，可见这家公司确实具有相当雄厚的实力。或者对方会想：某位客户按照这种方式与这家公司合作而获得了成功发展，那么如果我也以同样的方式与这家公司进行合作，一定也会获得非凡的发展成功。你看，这样的名人引用效应与成功案例引用方式，是不是比你费尽力气地阐述产品说明更有效呢？

上述这种推销方式被称为"案例引用第三方证明"与"名人名企效应第三方证明"。

引用第三方证明这样的一种特殊推销方式之所以会行之有效，是因为它具有事实说服力，比语言解释说明更能打动客户的心思，更容易取得客户的信赖。洛杉矶的第一销售天才莫里斯曾这样说："第三方证明，是我运用的推销技巧中最具魔力效用的一种推销方式。"

莫里斯在一次接待客户洽谈时，遭遇了客户的百般刁难与质疑，客户认为莫里斯对公司与产品所做的那些介绍都是在吹牛。这时，莫里斯从办公桌里拿出了一打顾客满意度调查的信件，并从中拿出一封交给了这位客户。这位客户看完推荐信之后不屑一顾，莫里斯便又递给了他一封推荐信。这样等到这位客户看完第五封推荐信的时候，态度明显发生了转变，他通过这些调查信件相信了莫里斯所言非虚，因而非常满意地与莫里斯签订了合作合同。

莫里斯的这一做法，就是成功运用了以推荐信作为第三方证明的方式，证实了己方的实力。当然，这些推荐信无疑是莫里斯公司未雨绸缪，事先通过客户满意度调查所做好的"第三方证明资料"。

某位女营销员在与一位客户进行合作谈判时遇到了困难，这位客户对这家公司的信誉与实力都非常担心。这时，这位女营销员从皮包里拿出一份材料，这份材料是一份顾客名单，上面都是一些与这家公司确立合作关系的客户名称、合作项目、成功备注等信息。这份顾客名单里面所记载的客户量很大，大约有近期合作的一百多位顾客资料。显然，这份资料起到了极大的说服作用，这位客户在仔细看了这份非常具有影响力的顾客名单之后，立即表示愿意与这家公司进行商业合作。

这位女推销员所采用的推销方式，就是营销学中的"以顾客名单（或顾客成交量信息）资料作为第三方证明"的证明方式。

归结而言，引用第三方证明这样一种间接的"第三方证明己方实力"的推销方式，具体可以采用这样几种应用方式去进行自我推销，即成功案例讲述方式、名人名企效应方式、推荐信推荐方式、顾客名单列举证明方式。当然，在与客户具体的交流过程中，你可以拿出一切可以证明己方实力的第三方材料和例证来证明自己。

为客户调整自己的处世风格，建立和谐的客户关系

商家唯有与客户建立起和谐的情感关系，才能够有效地促成交易与合作，以此实现商家利益。建立和谐的客户关系，就是要处处从客户的心理需求出发，处处考虑、照顾客户的情绪与情感，使自己的服务取得客户的满意与认同。唯有使自己的处事风格与对方的心理需求及个性相吻合，你

才能够与对方形成一种关系的和谐性与沟通的愉悦性。

在兵家商场有一个千古不变的真理，即"顾客即为上帝"。这句话所阐述的道理非常简单，就是要求商家在为客户服务时，一定要以客户为上、尽己所能地满足客户的需求。以客户为上帝，为其提供完全符合心理需求的人性化服务，一方面是商业道德的体现与约束，另一方面也是商家实现自身利益的需要及保障。客户是使商家资本产品转化为财富的终端。一言以蔽之，商家唯有与客户建立起和谐的情感关系，才能够有效促成交易与合作的达成，以此实现商家利益。

在现代市场经济竞争中，商家之间的竞争无疑体现为客户服务的竞争。建立和谐的客户关系，就是要处处从客户的心理需求出发，处处考虑、照顾客户的情绪与情感，使自己的服务取得客户的满意与认同。而处处考虑客户的心理需求，处处照顾客户的情绪、情感，则要求商家必须能够做到针对不同客户的不同心理、不同个性、不同喜好来提供服务，即商家必须能够做到根据客户的需求、性格与喜好来调整自己的言辞方式、行为方式、处事风格。唯有使自己的处事风格与对方的心理需求及个性相吻合，你才能够与对方形成一种关系的和谐性与沟通的愉悦性。

有两个商人都是经营纸墨生意的，有一次他们到一个比较有名望的大村庄去销售纸墨等书画用具，这两个商人在同一时间盯上了一位"大客户"。这位"大客户"是村庄的一家学院的院长，如果将他发展为客户，那么每年都可以向这家学院销售出大量的纸墨商品，于是他们两个人都暗自决定要找机会去拜访这位院长，将其发展为自己的长期客户。可是这位院长脾气古怪，并且自命清高，最看不起商人，尤其是那些为了赚钱而主动讨好客户的商人，他对他们更是嗤之以鼻。他从来都是自己到集市上去购买那些老实厚道的卖家的商品，而从来不接受"送上门"来的货物。第一位商人登门拜访之后，见到这位院长这般自命清高，言语之中尽显对商人的鄙视之意，这位商人顿感自己的人格受到了侮辱、自尊心受到了伤害，觉得自己与这位清高自傲的院长真是话不投机、格格不入，就和这位院长大吵了几句，摔门而去了。

第二位商人登门拜访之后，也遭到了同样的冷遇，他也觉得这位院长实在难以相处，但是为了赢得合作，他还是想尽办法去迎合这位院长。第二位商人的第一次拜访虽然以失败告终，但是他通过第一次拜访了解了这位院长的性情，并且从他的屋内陈设中发现这位院长非常喜好古玩字画，显然这位院长就是一位有点自命不凡的"老学究"。了解到这些，第二位商人心中窃喜，虽然他平日里最不爱与这种自命清高的人打交道，但为了生意他还是针对院长的喜好和性格研究了一套推销方案。第二天，这位商人拿着一幅自己用了一夜时间才勉强写出来的"书法"来到院长家中，进门之后绝口不提推销纸墨之事，而是先向院长道歉，请求他对自己昨天的冒昧行为给予谅解，并说明今天前来是因为倾慕于院长的崇高品德与非凡的书法技艺，特来拜访请求赐教。说完，他还拿出自己苦写了一个晚上的字请院长给予批评指正，虽然他的"书法"难登大雅之堂，但其谦卑恭维的行为却讨得了院长的欢心，于是院长欣然请商人坐下喝茶，并与他谈起了书法技艺问题。虽然商人对这些是厌烦至极，一点儿都不感兴趣，但还是装出一副非常认真、非常谦逊的样子，像一个乖学生一样倾听院长的高谈阔论。时至傍晚，商人起身告辞，这时院长颇感疑惑地问："年轻人，你如此喜欢书画文艺，为何要去经商呢？"商人见机立即说："实为生活所迫，不过我选择经营纸墨就是因为我心里放不下对书画的喜爱，这样我可以一边赚钱养家糊口，一边亲近我所喜欢的纸墨文书，如得空闲还可习作两幅。"院长听到此，突然开口说："年轻人，如你之辈的商人不多见矣！这样吧，以后我们书院的书墨全由你来供应吧。"商人闻听心中大喜。就这样，第二位商人投其所好、迎合对方，取得了合作的成功。当然，在这之后，每次商人来给院长送货，都不忘带两幅字画来请院长指点，长此以往，这位商人的书画技艺还真有了很大的进步。

在这个故事中，第一位商人因为无法接受院长的偏激性格与处世姿态，而损失了一个有着巨大利益的商机。而第二位商人通过对院长个性与喜好的了解，转变自己的行为处事方式，处处迎合院长，博得了院长的认可，最终顺利地实现了与书院合作的愿望。这个故事充分说明了一个道理：商家要想赢得客户的情感与认同，就必须隐匿自己的个性锋芒，去积极迎合对方的个性与喜好。不仅如此，在需要时还要巧妙地彰显对方的个性锋芒，以此使对方感受到被尊重的礼让感。

简而言之，与客户打交道就要根据对方的心理来改变自己为人处世的风格，做一个"八面玲珑"的人物，即一定要做到根据不同客户的不同需求而"对人下菜"，万不可萝卜白菜一锅煮，更不可在客户面前彰显自我、否定对方。

基于国人的"不欠"和"回报"心理，用"人情"关系维持客户关系

社会学家曾说"人情就是财富"，在人们的生活中，人情处处体现了其举足轻重的作用。对于兵家商场而言，商家与客户之间的"人情"关系，其重要性更是不言而喻，因为赢得客户情感、稳定合作关系是商家实现自身利益的基础命脉所在。那么，通过"不欠"与"回报"心理去与客户建立人情关系，所体现的又是怎样的一种思想呢？

"不欠"和"回报"心理，是中国人为人处世的一项重要的"基本原则"，这是在中国社会人与人之间建立"人情"关系的基础。而"人情"关系又是什么呢？所谓人情关系，就是指一个人在人际交往中与他人结缘、建立相互间"礼尚往来"的情感互通关系。这一关系是人与人之间增进情感与亲密度的平衡方略。社会学家曾说"人情就是财富"，在人们的

生活中，人情处处体现了举足轻重的作用。对于兵家商场而言，商家与客户之间的"人情"关系，其重要性更是不言而喻，因为赢得客户情感、稳定合作关系是商家实现自身利益的基础命脉所在。

那么，通过"不欠"与"回报"心理去与客户建立人情关系所体现的是一种怎样的思想呢？这便是基于"施恩"与"回报"关系而阐述的。因为中国人讲究"知恩图报""礼尚往来"，你给予对方以"桃"，对方一定会报你以"李"，这其中的道理便在于"欲得之，先舍之"。如果你在与客户交往中能够有效运用这一交际哲理，在适当时机针对客户的需要而施之以"恩情"，那么对方一定会对你产生一种"感恩回报"之心，从而与你形成一种"人情"关系。有了这层以个人情感为基础的"人情"关系，还怕有什么相关的合作事宜不好商议的呢？

古时候，有一个卖绸缎布匹的商人，他在一个城镇销售绸缎时，发现这个城镇里住着一户非常有名望的大财主。这个大财主有一个成衣铺，专门为城镇里的居民定做衣服，于是这个商人就想接近这位财主，希望能够与他取得合作，长期向财主的成衣铺供应绸缎和布匹。可是商人在拜访财主之后却遭到了拒绝，财主明确表示不与外来商人进行商业合作。商人煞费心机地与财主进行商议沟通，但最终还是知难而退。谁知天意弄人，有一次商人在去外乡销售绸缎的路上，发现一个人晕倒在路边，他立即上前去扶起路人，想要施以救助。就在此时，商人意外地发现原来这位晕倒在路边的人正是一个月前自己想要与其合作却遭到拒绝的那位财主。商人在认出财主之后，并没有因为对他心怀恨意而置之不理，相反，他迅速跑到前面的一家餐馆买了一碗羊肉汤馍，喂给财主吃下。当财主苏醒过来之后，见到是曾被自己拒绝的绸缎商人救了自己，万分感动。原来财主出门办事途中遭遇劫匪，他的钱财与马匹都被强盗抢走了，财主因为路途劳顿、饥饿过度而晕倒在了路边，幸好遇到绸缎商人，救了他一命。财主握着商人的手说："兄弟，这次多亏你救了我的命，你的救命之恩我一定要加倍报答！"自此之后，财主主动与绸缎商人签订了合作合同，他的成衣铺所使用的布匹、绸缎全部由这位绸缎商供应。

这个故事所阐明的道理非常简单，即施恩于人，必得人之回报。在这个故事中，绸缎商人因为不计前嫌，施恩于财主，而赢得了财主的感恩之心，因此也赢得了巨大商机，实现了自身的利益。在兵家商场，如果你能够在客户遭遇困难或需要帮助的时候，及时送上"雪中炭""旱时雨"，那么你一定会激发对方内心的回报之意，因而更倾向于与你进行商业合作。

某保健器材公司的一位推销员，有一次负责到市里的一家最知名的敬老院推销保健器材，但这家敬老院的院长非常不好沟通，因此几次沟通都遭遇失败。正在这位推销员因为工作愁眉苦脸时，他听说这位院长的外孙刚刚中考完毕，想要进入本市最好的一所实验高中，但是因为分数比录取分数线低了两分，怎么送礼请客都没人肯愿意给他开这个后门。得知这一消息之后，这位推销员顿时感到有些兴奋，因为他的表姐就是这家高中的副校长的儿媳妇。推销员心想，如果我帮助院长让他的外孙顺利进入市重点高中，他怎么能够再拒绝与我合作呢？想到此，推销员立即给表姐打电话，约表姐见面将事情的详细情况说给她听。果然，一个星期之后，院长主动给推销员打来了电话，约他见面谈器材合作的事情。见面以后，院长的第一句话就是："小张啊，我真不知道该怎样感谢你，我外孙的录取通知书已经拿到了。负责招生的副校长特意告诉我，说是你从中托关系为我办成的这件事。我真不知道该如何感谢你，只希望我们能够合作愉快，你放心，与敬老院器材合作的事情一点问题都不会有的。另外，我会介绍一些业内朋友与你进行长期合作，希望你的事业能够发展顺利。"

在这个故事中，虽然这位院长难以攻克，但这位推销员却成功地以建立"人情"关系而获得了合作关系。由此可见，急客户之所需、解决客户的困难，以"施恩"换"回报"建筑与客户之间的"人情"关系，是绝对行之有效的维系客户合作关系的不二法则。

中 篇
商战博感情——大商家赢在无硝烟处

Chapter 8　博取对手感情，获取"强强联合"

对手在很多情况下会让人心生厌恶之情，有相当一部分人认为对手是自己发展路途的最大障碍，是自己的克星甚至死敌。而事实真的如此吗？纵观古今以及国内外，很多成名人士尤其是现代企业的成功人士，都具有一个共性特征，即与对手结盟。他们不会因为对手的存在而惧怕，更不会将对手视为"仇家"。相反，他们欣然地接受对手的存在，并将对手视为督促自己前进的动力，乐于与对手成为莫逆之交。其实，在我们的周围，有很多人既是对手又是朋友。正是因为有了对手，彼此之间才能一起竞争着前进，才能相互取长补短，所以没有必要非要把我们的对手放在对立的那一面，我们应该正视对手的积极作用和意义，换句话说，正是因为有了对手，我们的生活才会越来越好。而是否能够博取对手的情感，赢得强强联合，关键则在于我们自身是否能够做到正确地看待对手、正确地对待对手、正确地引导自己与对手的关系。

对手不一定是敌人：要正视而不是仇视对手

许多人都把事业上遇到的对手看做自己的敌人，以为我们和对手之间就是一个零和游戏，只有你得我失或我得你失，没有什么双赢，这样的认知真的正确吗？其实对手并不一定是我们的敌人，相反，对手有可能是我们的朋友，是我们生活上可以相互学习的人，是可以互惠互利的人。

诺贝尔经济学奖获得者谢林在他那本著名的《冲突的战略》中写道："我们每个人都不同程度地身处冲突当中，并势在必得。"我们当中的许多人都把事业上遇到的对手看做自己的敌人，以为我们和对手之间就是一个零和游戏，只有你得我失或者我得你失，没有什么双赢。要是大家都抱着这种想法的话，那就很危险了，试想一下，大千世界有多少人啊，这里面又有多少是我们曾经或者将来的对手啊，如果我们都把他们当成敌人，那么势必会寸步难行。其实，我们仔细观察一下身边的人，他们对自己对手的态度是各不相同的，有的人蔑视对手，有的人畏惧对手，有的人逃避对手，有的人无视对手。其实对手并不一定是我们的敌人，相反，对手有可能是我们的朋友，是我们生活上可以相互学习的人，是可以互惠互利的人。

　　英国曾经有一个非常年轻的作家，尽管年龄很小，但是写出来的作品却非常受大众的喜爱，因而销量很大，也因此声名鹊起。有一次，这个年轻的作家因为一点琐事，和一个小市民发生了争执，产生了矛盾，你拉我扯谁也不让谁。作家的朋友在一旁劝说作家不要和这种不讲理的人争执，因为作家的时间非常宝贵，要把更多的时间和精力放在写作上才行。但是这个年轻的作家却不听劝告，在这次争执结束后久久不能释怀，认为这个小市民恶意诽谤自己，破坏了自己的名誉，侮辱了自己的人格，所以自己一定要斗争到底，要战胜那个小市民，让他知道自己是不可侮辱的。因而自此以后，这个年轻的作家和那个小市民总是产生摩擦，针尖对麦芒，不断地起冲突。作家再也没有心思写作了，很多年后，英国的很多读者都不记得曾经有这么一个非常有名气的作家了。

　　上面的这位作家犯了一个很大的错误，他不仅仅把所谓的"对手"看成了敌人，斤斤计较，更严重的是，他没有认识到自己的身份，错误地为自己找了一个生命重量完全不一样的"对手"，所以他浪费的不仅仅是时间和精力，而是生命的重量。

当然，对手并不局限在事业上，不管是商场官场，还是情场考场，我们都会遇到所谓的对手。我们在遇到对手的时候，要正视而不是仇视。有的人会习惯性地把自己遇到的对手统统归纳到自己敌人的范畴，认为对手是自己走向成功的绊脚石、是障碍物，这种观点是不可取的。我们正视对手，是因为一方面对手确实带给了我们压力和挑战，但是另一方面我们也要看到：正是有了对手，我们的生活才会有不断前进的动力，才会丰富多彩；正是有了对手，我们在学习上才会不断向前奔，害怕被对手超越，从而成就了我们的学业；也正是有了对手，我们的事业才会不断地开拓创新，不断地前进。为此，我们应该正视对手，感谢对手。

其实，每个人都应该有一个对手，需要一个共同拼搏、共同奋进的人，我们应正视这样的对手，感谢这样的对手。我们和对手就像处在天平两端的两个人，对手和我们是同样生命重量的人。乍一看"对手"这两个字可能会想到敌人，实际上对手并不等于是我们的敌人，相反，我们和对手有可能成为好朋友、团队里的合作者，甚至是某个方面的知音，毕竟我们和对手是为了某个共同的理想而竞争和奋斗，共同体会到了一种难得的执著和向前的飞跃。即使我们的对手曾经是我们的敌人，但那也不表示他们永远是我们的敌人，随着时间的流逝和环境的变迁，对手就有可能变成伙伴。如果我们失去了自己的对手，那么生活是不是非常乏味呢？尽管我们和对手有矛盾的一面，但是我们和他们之间却有着相互促进的关系，这种关系是不能割断的。

因此，不要把出现在我们面前的对手当成敌人，把他们看成眼中钉、肉中刺，一定要除之而后快。对手虽然在表面上是和我们争抢糖果的人，但实际上我们同时也是别人的对手。当我们把别人当成敌人加以仇视的时候，别人也会把我们当成敌人，同样地来仇视我们。其实，我们应该正视自己的对手，正是有了对手，我们才知道自己有什么优点和不足，才知道自己安身立命的根本在哪里。正视对手，我们才能取长补短。俗话说"他山之石，可以攻玉"，对手身上也有我们没有的品质，我们加以吸收，不仅可以增强我们的实力，还可以扩大我们的眼界。

在我们的周围，有很多人既是对手又是朋友。正是因为有了对手，彼此之间才能一起竞争着前进，才能相互取长补短，所以我们没有必要非把我们的对手放在对立的那一面，我们应该正视对手的积极作用和意义，正是有了对手，我们的生活才会越来越好。

虚心改进：借助竞争对手看清自己的不足

商场上的对手往往会被很多人视为心腹大患，是对立面，是眼中钉、肉中刺，一旦在商场上碰到了对手，就会惴惴不安、怀恨在心，恨不得除之而后快。这种想法实际上非常的偏执。竞争对手就像我们面前的一面镜子，可以让我们身上的不足充分地暴露出来，可以让我们知道什么是差距。

在我们的人生之路上，需要不断地工作学习，在这个过程当中，我们会遇到很多的对手，可以说对手无处不在。特别是商场上的对手，往往会被很多人视为心腹大患，是对立面，是眼中钉、肉中刺，一旦在商场上碰到了对手，就会惴惴不安、怀恨在心，恨不得除之而后快。这种想法实际上非常的偏执，只看到了竞争对手的表面，而没有认识到对手的可贵之处。其实只要我们静下心来仔细地想一想，就会发现，我们能够遇到一个实力强劲的竞争对手，反而是一种鞭策和促进，因为对手会让我们看清自己身上存在的不足，使我们清醒地认识到自身的能力和水平，然后加以改正和提高，从而在总体上不断提升我们的实力。

所谓的对手，就是那个能够让我们意识到自己不足和缺点的人，是那个让原本胆小怕事的我们变得勇敢坚强的人，是那个给头脑发热的我们迎头一棒的人，是那个让我们担心、阻碍我们前进却又一直让我们得以不断完善的人。我们今天的完美，有很大一部分源于竞争对手不断的打击和超越；我们今天的成功，都和我们的竞争对手有着千丝万缕的联系。

竞争对手就像我们面前的一面镜子，可以让我们身上的不足充分地暴露出来，可以让我们知道什么是差距。现在的海尔集团已经是海内外闻名的企业了，但是在它刚刚起步的时候，只是国内一家濒临破产境地的小厂子。当海尔进军世界的时候，面对的是日本的松下、索尼之类的世界一流的大公司，在和这类顶级对手的竞争当中，海尔看到了自己的不足和缺陷。于是，海尔上下从老总到员工，都"知耻而后勇"，通过大家不懈的努力，海尔转变了僵硬的经营模式，完善了原本落后的售后服务，并在原来的基础上加以创新，研制了一批新设备，改进了空调功能……最后海尔成为了世界上知名的空调生产企业。因为竞争对手的存在，海尔集团看清了自己的不足，并加以改正，最终取得了成功。对手就像一面镜子，可以让我们看清自己真正的实力和状态，可以让我们意识到距离自己的理想有多远，也可以让我们从过去大大小小的成功中清醒过来，摆脱自大、自我陶醉的状态，最终走向辉煌。既然海尔的对手能让海尔集团意识到自身的缺点并最终崛起，那么我们的对手也同样可以。

对手的优势就是我们的弱势，我们必须正视这一点。很多人在被对手超越和击败的时候，总是一味地怨天怨地、怨人怨运气，却从来不知道静下心来思考一下，为什么对手能够超越我们？为什么我们失败得这么彻底？只要我们静心想一想，答案其实很简单，因为对手有优势，在某些方面完全压制住了我们。对手的优势就是我们的缺点和不足，这是非常浅显的道理，不然我们就不会被对手压制和超越了。康熙大帝在自己即位六十年的时候，为了表示庆祝，举办了"千叟宴"，就是邀请那些和自己年龄差不多的老者们参加宴会。在千叟宴上，康熙皇帝发表了一次历史上非常有名的祝酒词，他敬了三杯酒。康熙皇帝的第一杯酒敬孝庄太皇太后，感谢孝庄太皇太后辅佐他登上了皇位，并且最终统一了江山；第二杯酒，康熙皇帝敬给朝中的各位大臣和天下的百姓万民，感谢大臣们兢兢业业、恪尽职守，人民勤劳生产，天下昌盛；康熙皇帝的第三杯酒，用他自己的话说是敬给"我的敌人，吴三桂、郑经、噶尔丹还有鳌拜"。其实康熙感谢这些对手，我们是可以理解的，因为这些对手都让康熙吃过苦头，特别是鳌拜，曾专权多年，但正是在鳌拜身上，康熙才了解了权力和实力的重要，开始培养自己的心腹，并最终铲除了鳌拜这个心腹大患。其实商场也是这样，我们的敌人也好、对手也罢，他们能够在同我们的竞争中胜出，就证明我们有不如他们的地方，有缺点和不足，而他们的优点显然是我们所欠缺的，因此我们应该学习对手身上的优点，改正自己身上的缺点，弥补我们的不足和差距，这样才能不断地前进。

对手让我们知道了自己身上的不足，一旦我们发现了，就要虚心地改进，不断地强化自己，更要不断地完善自己。海尔集团在和松下、索尼等日本企业竞争中发现自身不足并不断完善的经历，就能很好地诠释竞争对手让我们不断发现自己的缺点和不足、并不断强化优点改正缺点的道理。认识了缺点和不足之后，改正和学习才是最重要的。对手身上的优点尤其值得我们仔细分析和研究，因为对手身上的优点往往是我们身上的缺点和不足，只要我们认识到这一点，肯花心思学习，那么我们就会不断地完善自己，不断地接近完美。

有钱大家赚：善待对手和盟友

商业竞争有时候是很残酷的，市场就那么大，竞争失败了，就可能失去市场，事业就会失败，公司破产、身背巨额债务，这些都是商场上的人要尽力避免的。但在商场上，有时候善待自己的竞争对手，大家一起赚钱，凡事不必非得争个你死我活，这样其实是一件对自己非常有利的事情。那么，这其中的奥秘究竟在哪里呢？

要善待我们商业上的竞争对手，似乎有点儿不好理解。众所周知，商业的竞争有时候是很残酷的，市场就那么大，竞争失败了，就可能失去市场，事业就会失败，公司破产、身背巨额债务，这些都是商场上的人要尽力避免的。但是，有些人似乎仅仅只看到了这一点，而没有意识到，在商场上，有时候善待自己的竞争对手，大家一起赚钱，凡事不必非得挣个你死我活，这样其实是一件对自己非常有利的事情。在商场上，有些人一听到"对手"这个词，大都会心生厌恶，因为在这些人心里，对手意味着抢市场、抢自己的饭吃。这些人只看到了对手表面的竞争性，并没有意识到在商场上很多时候是竞争对手在"帮"他们实现目标的。大家都知道世界饮料行业的巨擘"百事可乐"，它能够从一家默默无名的小企业一下子成为全世界知名的大企业，其实还要感谢它的竞争对手"可口可乐"，因为如果没有这个强大的竞争对手，它不可能在一夜之间成名。萨拉托加战役是美国挣脱英国殖民统治的决定性战役之一。当这场战争刚刚结束时，英国将领就把自己的佩剑交给了美国的将领，英国人和美国人在一起吃起了饭、喝起了酒。这一幕放在现在可能让我们理解不了，有时候会让我们觉得非常荒唐可笑，毕竟那是硝烟弥漫的战争啊，不是过家家的游戏，而且在几个小时之前，这两队人还在一起你死我活地打个不停，战争一结束怎么会围在桌子旁边一起吃饭喝酒呢？其实，只要我们稍微细细地想一想，就能明白这其中的道理。胜利者之所以会用这样的方式来对待他们的敌人，其实是想向对方表达一个信息——我们足够强大，也很宽容，以此来瓦解英国人的斗志。其实这同样适用于现在的商场，善待我们的对手，紧紧地拥抱他们，不但消除了他们再次威胁我们的可能，也增加了我们的威望。最好的结果是给对手一条活路，让他生存下来又不至于威胁到我们，有钱大家赚，这样才能保持天平两端的平衡。

善待我们的竞争对手就是善待我们自己，因为我们的竞争对手就是我们面前的一面镜子。曾经看到这样一则寓言故事，讲的是一只猴子在觅食的时候得到了一面镜子。这只猴子把镜子拿在手里，冲着自己左照右照，发现里面有一只猴子正看着自己。它并不知道这就是它自己，对身边的大黑熊说："伙计，快来看，快来看，这里面竟然有一个丑八怪，你瞧，它正在看着我们，竟然还朝我做着鬼脸，上窜下跳的。不过，不怕你笑话，我们猴子种族中，这样的猴子其实很多，长得丑不说还装腔作势，我能把它们的名字一个一个地都列举出来给你听呢！"这只猴子仍然自顾自地说着话，"但是也没那个必要，反正我又不像那些丑八怪们。我如果有一点和这里面的猴子相像，那真的要把自己郁闷死了呢。"一旁的黑熊听着猴子的话，不无嘲笑地说："拜托，你不要嘲笑别的猴子了，那镜子里面的猴子就是你啊！"这猴子一下子傻了眼，说什么也不相信自己竟然是这副丑态。这个猴子对自己的同类一味地贬斥，即使手中拿着镜子，也不能看清自己。其实我们在商场上，看不清自己的时候也会很多。而我们的竞争对手就在我们面前，他们的一言一行我们都看得真真切切，可是有几个人知道这就是我们的镜子啊！我们不能做寓言里的猴子，不但打击了同类，也把自己的丑态暴露了。我们应该善待我们的同类，善待那些和我们一样在商场上打拼的竞争对手，有钱大家赚，这样一来我们才能找到一个和谐稳定的环境，发展和壮大自己。

商业中一切活动的最终目的都是为了获取利润，这是大家心知肚明的事情。假如没有钱赚，相信大家都不会参与某项活动，就是勉强参与了，也没有多少的动力，所以说在商业活动中，善待我们的盟友就是善待自己，有钱大家赚，这才能让我们身边时刻都有一起奋斗的盟友。假如我们见利忘义，一点利润都不分给盟友，那么我们的事业再辉煌也不会长久，须知一个人能力再强，如果没有伙伴，在商场上也是走不了多远的，掀不起什么大浪来。这点相信大家都能明白，只有大家都有钱赚，别人才会死心塌地地跟着你走。

其实说白了，善待我们商业上的盟友，可以归结到诚信上去，就是说对待盟友要诚实讲信用，这是大部分在商场上拼搏的人所坚守的商业准则。商业上的盟友之间如果缺乏了诚信，见利忘义，就会造成这样的一个结果——只有现在的市场，过不了几年就会江河日下，失去了将来的市场。虎牌公司的创始人虞成华就坚信这一点，他一直忘不了的就是几年前一个合作伙伴到虎牌考察时对他说过的一句话："你那些外在的条件我都不用看，我只认你这张脸，因为你这张脸上只写了两个字：诚实。"虞成华善待盟友，不仅仅表现在善待和公司有业务来往的商业伙伴上，还表现在善待公司的股东上。虞成华和公司其他股东达成了这么一个协议：公司发展了，决不亏待股东们。这样一来，整个集团人人都一心向上，一心想把集团搞好，虎牌公司能取得现在的成就也就顺理成章了。

感激对手：他们的存在让我们充满活力

在生活和事业上遇到竞争对手的时候，我们应该感激他们，因为他们的出现和存在才使我们充满了活力。一个没有竞争对手的道路尽管平坦，但是却让人感觉平静庸碌，内心一潭死水，更别说什么不断地超越了。只有面对竞争对手，我们在压力之下才能不断向前，才能保持充足的活力，登上我们事业的高峰。

当我们在生活和事业上遇到竞争对手的时候，我们应该感激他们，因为他们的出现和存在才使我们充满了活力。一个没有竞争对手的道路尽管平坦，但是却让人感觉平静庸碌，内心一潭死水，更别说什么不断地超越了。只有面对竞争对手，我们在压力之下才能不断向前，才能保持充足的活力，登上我们事业的高峰。

北京奥运的申报成功就是一个很好的例子。当时申请举办第 29 届奥运会的城市除了北京之外还有加拿大的多伦多、日本的大阪、法国的巴黎、土耳其的伊斯坦布尔四个城市，竞争非常激烈。其中多伦多对北京的威胁最大，是北京申奥最强劲的对手。但是，正如著名主持人水均益所说的那样，我们应该感谢对手、感谢竞争的压力，正是因为有了强大的对手，北京才有紧迫感，才使得申办的工作更加细致和扎实，才会不断地检讨自己，追求完美。从这个意义上来讲，我们也要感谢对手。

在商场上，对手随时都可能出现，竞争无处不在。当我们的竞争对手出现时，我们才会有战胜他们、不断发展壮大的欲望。市场经济的一个基本准则是适者生存，只有战胜了对手，我们才能在商场上生存下来，并不断地发展壮大。因此，我们的竞争对手不但没有伤害到我们，反而使得我们越来越具有活力。

生活在南美洲的美洲虎，是整个美洲大陆最大的猫科动物，长得有点像豹子，一只成年的美洲虎体重能够达到80公斤。在这之前，美国也曾出现过这种动物，但是随着环境的恶化，现在除了南美洲和中美洲之外，世界上的其他地方已经很难再见到这种老虎的身影了。现在的美洲虎正徘徊在灭绝的边缘，因为整个美洲的老虎加起来也只有17只而已。

在秘鲁的一个国家公园里，就生活着一只美洲虎，由于稀少和珍贵，这只老虎可以称得上是整个秘鲁的国宝。为此，公园里的工作人员对它照顾得无微不至，专门给它开辟出一块5万平方米的专属土地，让它能够自由自在地生活和奔跑。另外，还在美洲虎周围饲养了大量的食草动物，为的是给这只美洲虎提供鲜活的食物。但是让所有人奇怪的是，这只美洲虎对身边的食物却懒得理会，一直和那些牛、羊及兔子相处得很好。这只老虎整天躺在装着空调的房子里面，除了睡觉就是吃饲养员送来的按照营养师开出来的菜单搭配好的肉食，吃饱了、喝足了仍然是一副昏昏欲睡的样子，一点儿王者之气都没有。所有的人都知道在野外活动的美洲虎身手矫健，既能爬树又会游泳，很少有失败的时候。而这只老虎这样慵懒，工作人员都很着急，有的人从人类的心理上去揣测，觉得这只美洲虎之所以这么懒散，是因为他太孤独了，没有什么伴侣陪伴它。他们开始发动全国的人民为这只老虎募捐，而大家爱虎心切，都纷纷捐款，动物园因此募捐到大笔的资金。之后，动物园用这笔钱从国外租借来一只雌性的美洲虎来陪伴公园里的这只老虎。虽然自己的领地上来了一只母虎，却没有让这只美洲虎兴奋起来。它的生活和以前差不多，吃了睡、睡了吃，这下子可愁坏了关心它的工作人员。后来，一个曾经做过猎人的乡下人来动物园参观之后，向公园建议说："这么大的一个领地，这只老虎称大王，威风是威风，但却没有什么活力可言了。衣来伸手、饭来张口，一点儿竞争都没有，就是换成我们人类，在这样的环境中也会变成这样的。"动物园觉得这人说得有道理，因此在研究之后，又在这一地区放进几只豹子和狼。没想到的是，这对那只慵懒的美洲虎来说，像是打了一针兴奋剂一样，自从这些对手进来以后，美洲虎的精神一下子高涨起来了。它总是在自己的领地里东张西望，细心巡视，再也不回房子里吹空调睡大觉了，就连饲养员送来的美味肉食也不再吃了。园里的人都觉得这只美洲虎一下子变了，更令人惊喜的是，没过一年，那只雌虎竟然怀孕了，不久生下了虎崽。

一种动物如果没有了竞争的对手或是天敌，就会失去活力，人也是这样。一个人如果没有了对手，就会失去动力，放弃理想，变得越来越懒散、平庸，最终碌碌无为。对于一个团体来说，如果没有对手，也会因为个体的懒散无作为而变得死气沉沉。有了对手，我们才会找到危机感，才会提高我们的竞争力；有了对手，才能感知到我们面前的压力，才能不断地试图超越别人，超越自己；有了对手，才会使我们时刻向前，不断地发愤图强，不断地开拓创新，才会让生活生机无限。不然，等待我们的只有被遗忘与淘汰。

善的循环：把好处留给对手，自己也会得到好处

善待我们的竞争对手，坚持善的循环，给对手好处，就是给自己好处，为自己留下后路。我们把好处留给对手，并不是说我们要放弃自己的

市场，把这一切拱手让给对手，而是要把竞争的事业从现有的市场分割转移到如何共同扩大市场的需求量上来。给对手好处，自己也会收到对手的好处。

在商场上，把好处留给对手，自己也会得到好处，这是一种善的循环，有钱大家一起赚，相互之间何必要争个你死我活。但是，很多人却看不到这一点，为了尽可能多地挣钱，把对手往死里打压，不让对手有活路，这其实就是在断自己的后路，结果往往会得不偿失。

在2010年的时候，一家报纸刊登了一篇有关深海鱼油的新闻，在国内引起了轩然大波，大体内容是深海鱼油严重造假、不如地沟油等，此后在互联网上出现了大量攻击深海鱼油的文章，一时间人人谈鱼油色变。不久，这一事件开始有组织地向深层次扩展，由攻击深海鱼油到攻击添加了深海鱼油的乳类产品，矛头直接指向了伊利实业集团股份有限公司生产的"QQ星儿童奶粉"，目的是让不明真相的消费者抵制添加有深海鱼油的伊利"QQ星儿童奶"。因为当时我们国家一些比较有名的食用油和牛奶中都分别添加有鱼油或者藻油，伊利的"QQ星儿童奶"中添加的正是鱼油，而蒙牛和伊利竞争的品牌"未来星儿童奶"中添加的是藻油，诽谤鱼油的目的不言自明，就是为了打击添加了深海鱼油的伊利"QQ星儿童奶"。这些无中生有的传言使得伊利的产品受到了巨大的冲击，伊利集团迅速向公安机关报案，要求尽快查明真相，还伊利清白。后来公安机关查明，这事件是一起"一网络公关公司受人雇用，有组织、有预谋、有目的、有计划，以牟利为目的实施"的损害企业商业信誉案。始作俑者是蒙牛儿童奶品牌的经理安勇，他为了打击伊利的儿童奶，和北京的一家网络公关公司一起制订了打击伊利儿童奶的计划，利用网络恶意攻击伊利。这些网络攻击的手段包括联系点击量较高的个人博客的博主撰写文章，并通过"推荐到门户网站首页""置顶""加精"等操作，以提高影响力。同时以儿童家长、孕妇等身份拟定问答稿件，"控诉"伊利乳业公司，并发动大量网络新闻及草根博客进行转载和评述。它严重损毁了伊利儿童奶的市场信誉，造成了极其恶劣的影响。

蒙牛的这种竞争行为，是让竞争对手得不到一点好处的恶意竞争，其结果其实只能是两败俱伤。事实上，最后的结果也证明了这一点，2008年的"三聚氰胺事件"让中国的乳制品行业受到了空前打击，影响至今仍然存在。而蒙牛和伊利之间的恶性竞争，再一次破坏了中国乳品这一整个行业，受到损害的不仅仅是伊利一家，蒙牛同样是受害者，因为它损害了自身良好的企业形象，真是害人害己啊！可见，把好处留给对手，对手也同样会回报好处；把对手赶尽杀绝，自己也同样得不到什么好处，将是一个两败俱伤的结局。

商场上，竞争是避免不了的，有竞争就会有人被淘汰。但是，商场上的竞争并不能像战场上的那种厮杀一样，非要拼个你死我活才行，商场上的竞争，只要分出高低来就可以了，何必非要置对手于死地而后快呢！其实，在商场上我们还可以适当地把好处分享给我们的竞争对手，相互促进，取长补短，大家一起赚钱，一起开拓，这样对手发展了，从我们这里得到了好处，看到了善意，也会回报给我们好处。俗话说"投之以桃，报之以李"，那种通过把对手放倒的方式来获取市场、赢得利益而使自己发展壮大的行为是非常短视的，最终会害人害己，甚至危害整个行业的健康发展。

我们要善待我们的竞争对手，坚持善的循环，给对手好处，就是给自己好处，为自己留下后路。我们把好处留给对手，并不是说我们要放弃自己的市场，把这一切拱手让给对方，而是要把竞争的事业从现有的市场分割转移到如何共同扩大市场的需求量上来。我们不能一味地考虑排斥对手、抵御对手占领市场，如果我们不给对手好处，而且还把排斥打击对手作为自己的最高目标，那么最后我们不但收不到任何对自己有利的效果，反而会搬起石头砸自己的脚，害人又害己。因此给对手好处，在竞争的同时保持合作，一起维护市场的稳定，一起把市场的需求扩大，各自赢得合理的利润，进而一起提高、进步，这是非常好的一条共存的道路。

给对手好处，自己也会收到对手的好处。这就要求我们尽力避免和对手产生正面的冲突，我们应该创造自己独有的品牌，常言说，人无我有，人有我精，人精我专，就是这个道理。我们应该开拓创新，努力抢占市场的空白点，为自己开辟独特的生存空间，让自己的品牌暂时"避开竞争"，这样我们不但把原来的市场留给了对手，我们自己的收获则更加巨大。

坚持善的循环，给对手一定的好处，避免恶意的竞争，这样我们也会收获对手善意的回报。因此和对手共同开发市场，一起携手壮大，这样才能利己利人。

中 篇

商战博感情——大商家赢在无硝烟处 ———————————————

Chapter 9　向商战中的著名感情专家学习

正所谓"前车之鉴，后人之师"，在兵家商场中学习社交情感之道，对于成功企业家的经验借鉴是必不可少的。现实中，都有哪些风云企业家是社交场上的著名情感专家呢？他们又以怎样的情感构建方式博取了社会与他人的认同，赢得了坚挺的情感支持，从而成就了自己的非凡成功呢？这些人经历了哪些传奇故事，又创造了哪些奇迹呢？在这一章，我们将一同走进这些"传奇人物"的精彩世界，去体会他们的创业历程，去感受他们的精彩人生。当你一一读完他们的故事之后，你会发现其实所谓的传奇与奇迹并不是存在于这些"传奇人物"身上的传说，相反，他们都很平凡且普通，唯一不同的是他们有效地利用了自身的"高情商"，充分开发了自己的人脉资源，并成功构建了自己硕大的人脉能源站。你是否能够成为与他们一样的情感专家，是否能够像他们一样成就自己的辉煌人生，关键就在于你是否能够和他们一样经营好自己的人脉与人际情感。

胡雪岩：圆而通神的"红顶"商人

胡雪岩无疑是商场上公认的成功商人，也是著名的商战情感专家。我们仔细研究胡雪岩的一生，归纳一下他的成功之道，不难发现他之所以能够在乱世中立足，就在于他能够方圆并用，刚柔相济，懂得圆而通神才能财源广进的道理。那么，胡雪岩究竟是如何经营自己的情感人生的呢？

胡雪岩无疑是商场上公认的成功商人，也是著名的商战情感专家。在他身上，我们能够看到成就大事的一个重要因素——善于在人际交往中博得感情，积累广泛的人脉资源。人脉对商业成功的作用，相信很多人都有体会，有了广泛的人脉资源，我们就能在商场上进退自如。胡雪岩就是这样的一个人，他左右逢源，认识的朋友很多，所以才能在混乱的晚清局势下站住脚，并在商业上有所作为，富甲一方。我们仔细研究胡雪岩的一生，归纳一下他的成功之道，不难发现他之所以能够在乱世中立足，就在于他能够方圆并用，刚柔相济，懂得圆而通神才能财源广进的道理。

胡雪岩的圆而通神，首先表现在他能够收买人心，只要让人民相信自己，赚钱其实就非常容易了。胡雪岩认为，那些富人们的确很有钱，但是如果只把眼光停留在那些有钱人的钱袋上，整个市场也就崩溃了，毕竟富人只是少数，再怎么有钱也不会支撑起庞大的市场。胡雪岩在当初创办庆余堂的时候，一开始并没有打算赚多少钱，后来因为他的药材非常地道，制作的药品非常灵验，所以赢得了名声，很多人都认他的牌子，这才赚了很多钱财。但是，胡雪岩把庆余堂赚的钱，除了转化为资本、购买药材扩大经营规模外，其余的钱都用在对那些贫穷的人们施舍药品和衣物上面了。当时发生的很多大水灾和旱灾以及病疫流行之时，他都捐出大批的药品，所以庆余堂的伙计们都在私底下议论，老板种下了善因，必定会收获善果。即使后来胡雪岩曾经垮掉过，但是这些店员们还是照常去上班，竭力维持庆余堂的运转。这是胡雪岩性格上"圆"的一个方面，对人们行大善，从而获得了人心，让自己不管处于何种境地，都能获得人们的支持。其实，纵观古今中外，很多聪明的商人他们在成功之后都会做慈善事业。胡雪岩也看到了这一点，在帮助朝廷赈济灾害方面，做出了巨大的贡献。他也正是通过这种赈济灾害的行为，帮助朝廷分忧解难，从而结交了一大批官场上的朋友。

其次，圆而通是胡雪岩的另一面。人往高处走，这是每个人的天性使然，道路就在面前，不通之处就需要人们把它打通。胡雪岩不管是对抢了自己军火生意的龚氏父子，还是面对刁钻霸道的苏州永兴盛钱庄，甚至是那个损害了自己利益的代办朱福年，胡雪岩都是很干净利落地回击他们，甚至斗争到底。但是，不管怎么斗、怎么狠，他都始终坚持一个原则，那就是不会把对方往绝路上逼，适时给对方一个台阶下，给他们留一条后路。胡雪岩圆而通的处世方法，其实也很好理解。圆就是圆通、圆满，围绕着这个"圆"，再做足通融和疏导，那么就能在所有人眼里留下一个和善能容人的印象。其实说白了，就是圆滑，人家怎么说，我就怎么说，人家怎么做，我就怎么做。善于察言观色，能够摸准别人心中的喜怒哀乐，摸清楚人们心中的爱憎倾向，只要做到了这些，那么我们可以想一想，还有什么事情做不到、还有什么人搞不定呢？胡雪岩这种圆而通的处世哲学，实际上非常适合中国人的思维习惯和处世方式，因此他能够在当时复杂的局势以及商业活动中游刃有余。有了这种人际交往的哲学，他的成功也就很好理解了。

再者，胡雪岩的圆而通神，还包含最重要的一点，就是要有审时度势的眼光，能够很好地了解和体会时事以及权谋的重要性，懂得在复杂的局势中转变自身。这并不是要求具有什么敏锐于常人的眼光，而是做什么事情都要有一个事先的盘算。其实，我们现在了解的胡雪岩和那个时候所有的普通人一样，对当时复杂多变的局势也是有一个渐进式的了解，并不是一下子就看清楚的。在胡雪岩刚刚接触外国人的时候，他同样是抱着一种新奇神秘的心理的，但是随着接触的增多，他心中的这种新奇神秘也就慢慢地消退了。因为胡雪岩发现，外国人和中国人是一样的，也是为了利益而来，所以是可用利益加以笼络的。后来，胡雪岩和外国人之间形成了一种互惠互利的关系，这个过程也是一步一步形成的。在这个过程中，胡雪岩总是能够对当时的局势有抢先一步的了解。后来，胡雪岩决定依靠官府。第一个合作的是王有龄，通过他帮助朝廷运送漕粮，创办民间的团练，收取厘金，购买军火。第二个合作伙伴是薛焕和何桂清，帮助他们和洋人联系，组成了中外联军，联合绞杀了太平天国运动。后来胡雪岩还说动了左宗棠设置上海转运局，帮助左宗棠在西北平定了叛乱。由于上面这些活动都使得官府获益不少，所以官府也对他的生意照顾有加，因此胡雪岩的生意遍及大江南北，各个行业都有他的身影，从药品到钱庄，国内国外的贸易通道都被他所垄断。我们可以想一想，在当时的那个时局之下，要是没有官府的支持和帮助，胡雪岩必定会处处受到阻碍和盘剥，他的商业运营成本无疑会大大增加，他的商业规模也不可能发展到那么大。这就是胡雪岩依附官府所获得的好处，他不仅获得了保护，而且借助官府势力开拓了市场。

这就是胡雪岩圆而通的处世经商哲学，正是有了这样的哲学，才使得胡雪岩成为那个时代最成功的商人。从他身上，我们能够学习的有很多很多。

比尔·盖茨：利用一切关系成就辉煌

许多人都知道比尔·盖茨的成功，是因为他把握住了当时世界发展的大趋势，认识到了电脑的重要作用以及他对自己这种认识的执著和坚持。但是，除了这些之外，我们再仔细分析一下比尔·盖茨的成功经历就会发现，还有一个很重要的原因帮助盖茨取得了现在的成就，那就是盖茨能够利用一切关系成就辉煌，他的手中掌握了丰富的人脉资源。

比尔·盖茨在今天已经是全球知名的人物了，不仅仅是微软带给了他巨大的商业成功，更因为他那世界首富的身份，这些都让他成为商业上的一个传奇。许多人都知道比尔·盖茨的成功，是因为他把握住了当时世界发展的大趋势，认识到了电脑的重要作用以及他对自己这种认识的执著和坚持。但是，除了这些之外，我们再仔细分析一下比尔·盖茨的成功经历就会发现，还有一个很重要的原因帮助比尔·盖茨取得了现在的成就，那就是比尔·盖茨能够利用一切关系成就辉煌，他的手中掌握了丰富的人脉资源。

盖茨刚刚创立微软公司的时候，他并不是很有名，只是一个非常普通的小人物。但是，在他利用一切关系成就辉煌的处世哲学的帮助下，他接到了人生当中的第一个订单。那么，盖茨的人际关系法则是什么呢？概括起来，可以把这种关系法则分为四个方面：

首先，盖茨把关系法则的着眼点放在了自己亲人身上，亲人的人脉自然也是自己的人脉。在盖茨刚刚成立微软的时候，就和当时世界第一电脑生产商国际商用机器公司（IBM）签订了一个大合同，建立了长期的合作关系。那个时候，盖茨还在大学里读书，一个学生，我们想象一下，能认识几个商业领域的人，又能掌握多少人脉资源呢？那么，既然盖茨认识的人不多，那他是怎样得到这个大合同的呢？其实，这中间有一个很重要的人物——盖茨的母亲，她同时还是国际商用机器公司的董事。盖茨的母亲把他介绍给了IBM的董事长，这在现在看来应该是理所当然的事情。但假设一下，要是没有母亲的帮忙，盖茨是很难接到IBM的大合同的，没有这个至关重要的大合同，盖茨的微软也就不可能随着IBM的个人电脑而被世人熟知，也就不可能有今天的世界首富盖茨了。

其次，盖茨也非常善于利用合作伙伴的人脉资源。现在大家一提起微软，都知道那是盖茨的，其实微软并不是盖茨一个人建立起来的。在盖茨当初创立微软的时候，还有两个非常重要的合作伙伴，那就是保罗·艾伦和史蒂芬。这两个人同样有着聪明的大脑和丰富的人脉，比尔·盖茨借助他们的人脉关系网络，办成了很多大事。保罗·艾伦作为创始人，他拥有40%的股份。在初入商海的时候，艾伦就注意到了PC机操作系统的重要性，他利用自己的人脉，成功地从西雅图计算机公司获得了SCP－DOS的使用权，这使得IBM确认了这家不起眼的小公司的实力，使它得以与IBM

合作，并为以后获得 SCP－DOS 的所有权奠定了基础。可以说，艾伦使微软迈出了成功的第一步。

再者，盖茨还很善于结交国外的朋友，利用国外朋友对本国市场的熟悉条件，来调查国外的市场环境，为开拓国外市场打下了坚实的基础。盖茨有一个很要好的日本朋友，他的名字叫彦西。和盖茨相比，彦西对本国市场了解得更为透彻，他给盖茨提供了很多日本市场的情报以及消费者使用电脑的爱好、特点，盖茨以此为基础，找到了他在日本的第一个电脑合作伙伴，接下了第一个合作项目，从此打开了日本的电脑市场。

此外，盖茨也非常善于利用公司员工的才能和人脉为公司发展助力。盖茨选拔那些有才能、能够自主完成项目、有巨大发展潜力的人进入公司，这样公司就有了良好的发展潜力。盖茨常说："我之所以有现在的成就，不得不说的一条是，我做的最好的经营决策就是要挑选最好的人才进入公司，在我的周围积累起一大批可以信任的人、一大批可委以重任的员工，他们可以用他们的聪明才智以及人脉为我和公司分担很多的责任。"

其实，通过盖茨的经历我们不难看出，一个人之所以能够赚大钱，只有很少一部分取决于他的知识，绝大部分都来自于这个人周围的人际关系。看到这里，也许很多的人都觉得不可思议，不是经常说知识改变命运吗，怎么成了关系改变命运了？其实在这里并不是否定知识的重要性，只是在商场上，相比知识而言关系是很重要的。要知道，在商业上一个人想要获得成功，并不在于他知道什么，而在于他认识谁。专业上的知识固然重要，但是人脉更重要，它是一个人通往财富的大门，是一个人通往成功的阶梯。因此，我们在惊叹于盖茨聪明的头脑和编程知识的精通时，不要忽视了他利用周围一切关系成就辉煌的处世哲学。

哈维·麦凯：人际关系的万能先生

在麦凯的人际关系理论中，我们可以学到很多我们平时想不到甚至闻所未闻的观点，但这些观点所要表达的意思，却是在我们的生活和工作中确确实实存在的，运用这些准则去处理问题，会大大增强我们处理人际关系的能力，增加我们的人脉，为我们的成功奠定坚实的基础。那么，这些人际关系理论究竟奥秘何在呢？

哈维·麦凯是世界上排名第一的人际关系大师，被称为人际关系的万能先生，他是麦凯信封的董事长，这家公司一年的收入超过了7 000万美元。在《纽约时报》评出的最佳自我成长书籍排行榜中，麦凯的两本书占据了前15名中的两席，这两本书的名字是《攻心为上》和《口渴之前先挖井》。

概括麦凯的人际关系理论，我们可以总结出以下几个方面：

第一，我们要有机会的观念。很多人相信不断地练习是取得成功的方法，但麦凯认为，仅仅进行不断的练习是不行的，要完美地进行不断的练习才可能成功。所谓的完美，是指我们练习的基础必须是正确的，方向上不能出现偏差，不然不管我们练习多少次，也是不可能取得成功的。在练习的时候，我们可以跟我们的老师和教练以及所有比我们强大和优秀的人学习，使用正确的方法来指导我们的探索，这样我们就会在不断的练习当中把握住机会，即使是一件件的小事，也能成就我们，为我们实现自己的目标创造机会和条件。

第二，在做事情的时候，即使周围的人都不相信我们，我们自己也不能不相信自己。我们一定要相信成功就在不远处等着我们，要克服眼前的困难，在挫折和失败中寻找原因，发现自己的不足和缺点，从而改正先前的方案，为今后的行动打下基础，而不是为自己的失败寻找各种各样的理由和借口。我们必须相信自己一定能够成功，坚信自己的理想一定能够由自己的双手去实现。

第三，在我们口渴之前，最好把井挖好，不要等到口渴了才想到挖井。也就是说我们要为自己的理想和目标提前准备和计划好需要的知识和一切基础，我们要不断地学习，用知识来丰富我们的头脑，并立即行动，将这些知识运用到现实当中，将我们的所学化为所用。

第四，人要想成功，最重要的不是我们知道什么，而是我们认识谁。人脉非常重要，有时候比知识更有力量。

第五，人们不在乎你是否认识他们，他们最在乎你是否真正地关心他们。我们可以想一想这个问题，在中文字中什么字眼最温馨？大家也许会有五花八门的答案，但是在人际交往中，没有比听到别人嘴里说出自己的名字更让人感到温馨的了。同理我们也可以想象一下，在我们面前的人如刚刚打交道的顾客、朋友、合作伙伴等，在我们说出他们名字的时候，他们也一定会感到很温馨，当然也要了解更多他们的情况，例如性格、兴趣爱好等。更重要的是，要和周围人建立长期的关系，我们也要用真心对待对方，这样才能换回对方的关心和支持。

第六，我们最好思考失败的时候是谁在给我们送"面包"。有位名人去餐厅吃东西，服务员并未先给他。名人说话了："你不知道我是谁吗？"接着又说了一大堆言语，想要让服务员了解他的身份。服务员说："你是很有名，但你不知道我是谁吗？"名人说："不知道。"服务员说："我是给你送面包的人。"这个小故事告诉我们，对待所有的人都要友善，特别是那些给我们送"面包"的人。

第七，人生中有些时刻是很孤独的，但孤独却能够让我们准备得更加充分。人在死亡前很孤独，因为这需要自己去面对，别人永远替代不了我们；另一个很孤独的时候，就是在我们即将演讲时，这个时候往往会让我们不知所措。但是演讲前的这份孤独却能够带给我们巨大的收获，因为很多人都没有注意到的是，演讲在人际交往中非常的重要，它是别人认识和了解我们的途径，是我们展现自我的舞台。

第八，很多时候我们看事情的角度往往跟事实是不一样的，所以我们要能够听得进别人的意见，能够包容和自己观点不同的人，应博采众长，尽量使我们的观点接近事实。

第九，管理者犯的严重错误就是找错员工。什么样的管理者找什么样的员工，每个人、每个职务都是很重要的，所以在招聘员工的时候要多多交谈，不仅要了解他们的工作技能和学历情况，更要了解他们的生活情况，多多接触他们。

第十，视觉化想象是达成个人目标最重要的成功方法。在写《攻心为上》之前，哈维·麦凯买了份《纽约时报》，看上面的排行榜名单。麦凯从报纸上剪下排行榜，把第一名抠了下来，用《攻心为上》取而代之。在以后的写作中，麦凯在一年三百六十五天里都能看到这张排行榜以及"占据"第一名的《攻心为上》。后来麦凯的书出版之后，果真如先前那样，一下子登上了《纽约时报》畅销书排行榜的第一名。我们当中的每个人都应该这样做，每天进行想象，在脑子里不断重复和强化成功的画面，利用视觉化想象来坚定自己的信念，帮助自己走向成功。

第十一，与朋友永远保持联系。我们应该知道，在朋友里面谁帮助我们取得了成功，也要了解在失败的时候谁嘲笑了我们。和真正的朋友永远保持联系，经常打电话或者写信，在好友成功的时候恭喜他们，在好友情绪低落的时候安慰他们、鼓励他们。

麦凯关于人际关系的观点，很值得我们学习和借鉴，有道是"他山之石，可以攻玉"，更何况是人际关系大师的处世哲学呢。在麦凯的人际关系理论中，我们可以学到很多平时想不到甚至闻所未闻的观点，但这些观点所要表达的意思，却是在我们的生活和工作中确确实实存在的。运用这些准则去处理问题，会大大增强我们处理人际关系的能力，增加我们的人脉，为我们的成功奠定坚实的基础。

王永庆：所有人信赖的好朋友

王永庆的台塑现在鼎鼎有名，但是在他刚刚起步的时候，却不知道塑胶是什么东西。王永庆凭借着自己与众不同的眼光和胆识，经过不断奋斗，在朋友们的帮助和支持下，才有了今天在塑胶行业里的成就。靠木材生意淘得第一桶金的王永庆，其传奇人生究竟传奇在何处呢？

王永庆是台湾的经营之神，他的事业之所以能够取得现在的成就，人脉起到了非常重要的作用。王永庆的台塑现在鼎鼎有名，但是在他刚刚起步的时候，却不知道塑胶是什么东西。王永庆凭借着自己与众不同的眼光和胆识，经过不断奋斗，在朋友们的帮助和支持下，才有了今天在塑胶行业里的成就。

其实，王永庆是靠木材生意淘得第一桶金的。国民党撤退到台湾的时候，携带了大陆的大批资金到台，所以资金很充裕，一到台湾就大兴土木，开始搞基础建设。这就带动了台湾岛内建筑行业的发展，尤其是建筑所需要的木材，其价格更是"步步高升"。这让做木材生意的王永庆抓住了机会，他利用自己的优势，迅速积累起了财富，在不到几年的时间里，便从一个小商人发展成为一个大商家。但是王永庆的眼光很长远，他知道木材行业辉煌不了几年，因为竞争对手越来越多，生意也越来越难做，所以王永庆意识到建筑行业的春天即将过去，便谋求转行，把目光转向了别的行业。

其实，那个时候台湾当局也在谋求新的产业规划，在1953年的时候设立了"经济安全委员会"，尹仲容作为召集人，负责规划玻璃、纺织以及塑胶原料等行业的发展方向，这个规划还得到了美国的资金援助。

这个时候，虽然王永庆决定放弃木材行业的生意，把资金投入到别的行业当中，但是却不知道具体要从什么地方入手，他也不知道这个时候台湾当局新成立的"经济安全委员会"以及正在规划的玻璃、纺织和塑胶等行业的发展计划的情况。王永庆有一个朋友，他叫赵廷箴。王永庆和赵廷箴是生意上的朋友，他们的私交甚笃，王永庆曾借钱给赵廷箴，使他渡过了难关。在赵廷箴的心里，王永庆是非常值得信任的朋友，是一个注重信誉的有良知的生意人，更是一个值得一生结交的好朋友。有一次，赵廷箴找到王永庆，想和他一起投资水泥生意。两个人一拍即合，但是不想当局里面备案的水泥指标已经被人先一步申请了，后来两人一合计，又决定做轮胎生意，但是和上次一样，这个行业同样被人捷足先登了。两人一下子没了主意，赵廷箴带王永庆到一个在当局"工业委员会"工作的朋友那里咨询，赵廷箴的这个朋友接待他们的时候也不怎么热情。王永庆却想利用赵廷箴的这层关系，尽快找一个合适的项目做，不然到最后所有的项目就可能都被人抢走了，那个时候就欲哭无泪了，所以王永庆非常恭敬地向赵廷箴的那个朋友说明了来意。赵廷箴的那个朋友只拿眼角斜了一下王永庆，漫不经心地说："可以办厂的项目多得很，像塑胶厂啊、生产PVC的，不知道两位知道这种产品不？"王、赵二人还真是没有听说过这种产品，所以当他们大眼瞪小眼的时候，赵廷箴的那个朋友就一脸嘲讽地说："你们还是先回去查一查资料吧，了解一下塑胶的性能及生产流程再说。"王永庆气得脸发红，拉起赵廷箴的手就走了出来。

但是富有戏剧性的是，在这个节骨眼上，王永庆和赵廷箴却遇到了尹仲容，而尹仲容正在为自己负责的塑胶项目找不到合适的人选出资建厂备感焦虑。当王永庆和赵廷箴出现在他面前的时候，尹仲容一下子觉得这就是塑胶项目最合适的人选，他如获至宝，吩咐自己的手下，也就是赵廷箴的那个朋友，一定要说服王永庆和赵廷箴参加PVC项目的投资。赵廷箴的朋友根据上面的命令，立刻找到了王永庆和赵廷箴，非常客气地向他们介绍了有关塑胶项目的投资发展计划，极力劝说王永庆放弃其他的项目，转而投资塑胶PVC项目。王永庆听完这个人的介绍后，一时拿不定注意，出于谨慎，他们又去请教尹仲容。尹仲容又向他们详细介绍了塑胶行业的现状及发展前景，并且还把台湾当局对塑胶行业的优惠政策以及美国对这个行业的资金援助向他们详细进行了解释和说明。正是尹仲容的这一番话，让王永庆心里对塑胶行业有了一个具体的认识。王永庆心里有了底之后，终于下定了决心，他当场握住赵廷箴的手征询他的意见，赵廷箴随即表示愿意和他一起干。之后，王永庆经过谨慎详细的调研，并对市场进行了前景预测和分析，他认为塑胶作为一个基础行业，对台湾的经济发展具有巨大的推动作用，因此前景也非常光明，一定能够发展起来。正是抱着这种信心，王永庆开创了台塑的辉煌。

从王永庆创业初期的故事中我们可以看出，在朋友们眼里，他是一个值得信赖的伙伴，赵廷箴更是陪着他一起找项目、使事业起步，对他表示出了极大的信任。王永庆之所以能够被朋友信任，是和他注重信誉，在朋友困难的时候及时帮助有重要关系的。没有付出，就不可能获得朋友们的信任，这是王永庆身上最明显的品质。

下篇

管理博感情
——成功管理无须铁的冰冷

下 篇
管理博感情——成功管理无须铁的冰冷 ——————————————

Chapter 10　博取下属情感，赢得管理上的支持

如果说企业是一艘大船，在市场经济的海洋中抗衡各种竞争压力、迎风破浪一路前行，那么员工就是保障这艘大船驶向梦想彼岸的船桨与舵手，是这艘大船的马达与云帆。员工对于企业运营发展的重要意义不言而喻，因而作为一个企业的管理者，关心员工、赢得员工的情感支持，激发员工的工作热情无疑是现代企业管理者必须深造的重要课题。从这个意义上讲，作为企业管理者博取下属的情感、赢得下属的认同与支持是决定企业发展是否顺利的重要因素。而企业管理者又该如何和员工建立和谐的雇用关系、赢得员工的情感支持、赢得有力的管理支持呢？在本章，我们将系统阐述管理者与下属之间关系处理的有效技巧，使你成为能够赢得下属敬仰与信服的成功领导者。

要懂得每个员工既是在工作着，也是在生活着

每一位员工不仅仅是在工作着，也是在生活着，就是要让企业管理者能够认真地去思考这样一个问题：员工，他们因何而工作，因何而热爱工作？企业管理者只有最大可能地满足员工的生活需要与心理需求，才会最大可能地激发员工对工作的热情，才会赢得员工为企业奉献自我的自主情感驱动。

员工无疑是保障企业运营发展、实现企业效益、创造企业财富价值的

基层保障，没有员工为企业所做出的工作与贡献，企业将无法生存和发展。如果说企业是一艘大船，在市场经济的海洋中抗衡各种竞争压力、迎风破浪一路前行，那么员工就是保障这艘大船驶向梦想彼岸的船桨与舵手，是这艘大船的马达与云帆。员工对于企业运营发展的重要意义不言而喻，因而作为一个企业的管理者，关心员工、赢得员工的情感支持，激发员工的工作热情无疑是现代企业管理者必须深造的重要课题。而关心员工、赢得员工情感支持，从根本上讲就要从本质上认识到员工不仅仅是在工作着，更是在生活着，这就要求一个合格的受到员工敬仰的企业管理者必须能够关心员工生活，以体贴与关爱的人性化管理使员工感受到企业所凝聚而成的家的归属感，使员工在愉悦的心情与和谐的情感感染中有效地完成工作。

我们说每一位员工不仅仅是在工作着，也是在生活着，就是要让企业管理者能够认真地去思考这样一个问题：员工，他们因何而工作，因何而热爱工作？要知道，员工虽然与企业管理者的身份地位不同，但员工与企业管理者有着一个共同的心理需求，即为了生存与人生发展而选择了不同工种的工作。简而言之，员工之所以会进企业从事工作，完全是基于生活的需要，在这一层面上讲，企业管理者只有最大可能地满足员工的生活需要与心理需求，才会最大可能地激发员工对工作的热情，才会赢得员工为企业奉献自我的自主情感驱动。因而对于企业管理者来说，关心员工生活一方面是现代企业管理人性化、无剥削的管理体制的要求，另一方面是其自身实现企业效益、创造企业财富的运营发展的需要。

松下电器公司的蓬勃发展世人有目共睹，而松下电器公司的总裁在总结其经验和发展之道时，除了技术研发与市场开拓之外，他还总结了另外一个重要的保障性因素，即对松下电器的员工生活给予优越的福利待遇。松下电器的总裁说："我们的业绩是我们的企业员工所造就的，我们的财富是我们的企业员工所创造的。可以说，一个企业要想保障自身的长期发展，创造更丰厚的财富价值，就必须懂得感恩员工，以关爱之心爱护员工。因而我们的企业为员工创造了非常优越的福利制度，这一制度体现的是企业对员工生活的关爱，也激发了员工的奉献精神与团队归属感。"松下电器公司早在1960年开始，便以实行员工"周休二日制"给员工创造了极好的休息制度，保障了员工可以有充裕的时间来安排生活以及照顾家庭，并在1966年开始提出员工"35岁必须有自己的住房"的口号。自此开始，松下公司率先为公司员工创建了低利息的住房贷款制度，要求其可以分15年还清，这样一来松下电器就从根本上解决了公司员工没有自己住房的困难。从1976年开始，松下电器还颁布了抚恤遗族子女制度，延长退休年限（从55岁延长到60岁），增加退职金额，还有养老金制度等各种福利制度，使公司员工的利益得到更充分的保障。在此之后，松下电器逐步完善了员工业余活动的各种娱乐设施，诸如修建体育场、游泳馆、运动场等娱乐场所，并经常举办各种文体活动，极大程度地丰富了员工的业余生活与精神生活。现在松下电器对于员工的各种奖金制度更为完善，极大地激发了员工的工作热情，而对于有困难的员工，公司总是在第一时间雪中送炭，给予解决。在这样的工作氛围中，员工对企业还会持有情感隔阂吗？答案显然是否定的。松下员工说："我们企业所关注的不仅仅是我们为企业创造的效益多少，更多的是我们的生活是否足够理想。因而在我们内心，我们的企业已不仅仅是我们的工作单位，在更大意义上它已成为我们生命中的第二家庭。我们愿意为企业奉献自我，完全是因为我们对这一'家庭'的深爱与感恩。"

松下电器的人性化管理充分阐明了一个道理：企业唯有以真心实意去关爱员工，体察员工的生活需求，才可赢得最有力的基层情感支持，而这一情感支持是保障企业运营发展的根基。与此对比，反观富士康超负荷的工作制度与"非人性化"的管理体制，酿造了企业员工集体跳楼自杀的社会悲剧与家庭悲剧，企业对于员工生活给予足够关注的重要意义不言而喻。

总而言之，关心员工生活，就是要求企业管理者能够充分发挥"人性化"管理的效用，体察员工的生活需求与心理需求，尽可能地保障员工生活的顺畅，解决员工的生活困难，慰藉员工的内心情感。

改善员工健康生活的每一天

在现代社会市场经济竞争体制与人性化企业管理体制的要求下，改善员工健康已成为企业不可推卸的重要职责。国内著名企业管理学家这样阐述："维系、改善员工健康，是实现企业和国家经济可持续发展的重要保障，是坚持以人为本，促进人的全面发展的重要条件，是经济发展和社会进步的重要标志，也是构建社会主义和谐社会的重要内容。同时，也是一个企业得以保障自身运营发展的基础条件。"

改善员工的健康，对于企业而言，既是企业的道德责任，也是企业的法律责任，同时改善员工健康也是维系企业运营发展的命脉。在现代社会市场经济竞争体制与人性化企业管理体制的要求下，改善员工健康已成为企业不可推卸的重要职责。国内著名企业管理学家这样阐述："维系、改善员工健康，是实现企业和国家经济可持续发展的重要保障，是坚持以人为本，促进人的全面发展的重要条件，是经济发展和社会进步的重要标志，也是构建社会主义和谐社会的重要内容。同时，也是一个企业得以保障自身运营发展的基础条件。"

员工是什么？员工无疑是保障一个企业运营发展的主力军。自古以来，无论哪一支军队，其强有力的军队力量都是攻无不克、无坚不摧的最有力的保障，而一个企业的员工团队只有健康得到了保证，才可以形成这样一种强有力的战斗力量。正如社会学家所言："在世界万物中，唯有人才是最可贵的资源，而身体健康则是人力资源的核心基础。"在任何情况下，唯有保障了人力资源的身体健康与生活健康，才可以保证人力资源的巨大能量的无限量发挥，才可以实现价值的创造与财富的积累。因而对于企业管理者来说，改善员工健康生活的每一天，是必须坚守的责任要求与体制要求，更是以人为本的现代社会发展的道德规范。

尤其是在精神压力、客观工作环境等多种因素的综合影响下，员工健康问题已经成为社会高度关注的一个重要主题。据有关部门统计，"中国现有 1 600 万家企业存在着有毒有害的作业场所，受不同程度危害的职工总数有 2 亿人，虽然程度不同，但都有某种职业危害。2003 年全国报告新发的各类职业病有 10 647 例，其中尘肺病占 80%，急慢性中毒占 20%，卫生部等有关部委组织对全国乡镇企业和农村、个体工商户的直接危害进行了专项整治。对 99 万农民工进行了健康体检，发现患有明显职业病的有 3 700 人，体检结果表现异常的职工占 3.47%"。这分为两类：一类是有明显的职业病，另一类就是虽然没有职业病，但健康状况已经有了影响。这些数据所列举的只是由于企业与工作环境的客观情况所造成的职业病隐患的危害，而在现实生活中，由于超负荷的精神压力所引发的员工心理问题以及由这些心理问题所引发的健康疾病也日益增长。

这些员工的健康问题势必引起各个单位以及各个企业的领导人与管理者的高度重视，因为从人性的角度讲，维护员工身心健康与生活健康是企业必须遵循的社会责任与道德规范，而从企业自身发展的角度来讲，关注改善员工身心健康与生活健康是企业运营发展的必然要求。因此，无论从社会还是企业自身的哪一个角度去分析，改善员工健康生活的每一天都是企业管理者义不容辞的责任与义务。

改善员工健康生活，就是要求企业管理者尽可能地为员工创造良好的工作条件，改善员工的工作环境，关心员工的心理健康。例如尽可能地创造无公害、无污染、无严重辐射等绿色环保的健康工作环境，定期为员工进行身体健康检查，以宣传健康知识、分发保健食品等有效方式预防可以预见的职业病，并经常开展各种文体活动，帮助员工减轻工作压力与竞争压力，尽可能地为员工营造一种轻松、愉悦的工作氛围等。

改善员工生活健康，作为企业必须加强自身的硬件设施建设、改善工作管理体制，必须能够保障员工的休息日与节假日，杜绝超负荷工作的情况发生。此外，企业管理者必须能够体察员工心理，帮助员工排解内心的垃圾情绪，消除员工的心理健康隐患，坚决杜绝类似富士康员工跳楼"连环案"的惨剧发生。

总之，要改善员工健康生活的每一天，就是要让员工在具有一个健康体魄的同时，也具有一种健康的心理情绪，使员工在阳光的心态下、强健的体魄下高效率地开展工作、健康生活。

一个企业的管理者时刻都要清醒地认识到，人力资源的健康保障才是企业获取促进自身发展之无限能量的动力所在。同时，一个懂得关心、改善员工生活健康的企业，也更容易得到员工的认可与青睐，更能够赢得员工的情感认同。

区别对待不同年代、不同年龄的员工

不同年龄层次的员工所反映出的问题状况完全不同，作为企业管理者必须在了解员工年龄的基础上，较好地把握不同年代员工的年龄特征，要因人而异地考虑其个人因素，对员工进行合理的工作安排与管理教导，这样才可保障所有员工都能在工作岗位上最大限度地发挥自己的所长，科学有效地履行自己的岗位职责。

对于一个企业而言，员工的年龄肯定是无法做到整齐划一的，员工年龄参差不齐是一个必然存在的现象。而这一现象所反映出的不仅仅是企业表面的员工层次区分，其本质所涉及的则是企业管理者如何针对不同年代、不同年龄员工的不同心理特征与技能特征来制定管理制度与用人方案，使不同层次的员工都能发挥其最优才干，为企业的运营发展发挥出最大的效用。我们都知道，不同年代、不同年龄的人其心理需求、性格特征以及技能、思想、阅历等都完全不同，因而对于一个企业管理者来说，如果不能将不同年龄层次的员工区别对待，将会导致一种"用才不当"或"无的放矢"的混乱局面。

通常情况下，不同年龄层次的员工所反映出的问题状况完全不同，作为企业管理者必须在了解员工年龄的基础上，较好地把握不同年代员工的年龄特征，要因人而异地考虑其个人因素，对员工进行合理的工作安排与管理教导，这样才可保障所有员工都能在工作岗位上最大限度地发挥自己的特长，科学有效地履行自己的岗位职责。正所谓"用才要因才而异，施政要因人而异"，区别对待不同年代、不同年龄的员工，正是运用"因材施教"的科学理论来进行人力资源的最大限度的开发。

一般情况下，专家按照企业员工的不同年龄层次进行划分，将企业员工划分为三个年龄段，即35岁以下的员工、35～54岁的员工、55岁以上的员工。这一划分是依据他们不同的工作需求、心理特征以及劳动能力来进行区分的。

35岁以下的员工属于企业的"年轻化军团"，他们精力旺盛，接受过新潮教育，掌握了更多的现代知识；他们容易接受新鲜事物，具有创新思想，并且大都具有一种"初生牛犊不怕虎"的敢闯敢干的冲劲与"直挂云帆济沧海"的热情。这样一个"年轻化军团"无疑会给企业带来新生力，是保障企业运营发展、生机蓬勃的新鲜血脉，有效发挥这一军团的潜在能力，势必会给企业创造无可估量的财富。

但同时企业管理者必须认识到一点，这群年轻主力具有两个显著的特征：一方面他们具有极强的迫切心理，非常希望在最短的时间内得到上司的赏识与信任，一展鸿鹄之志；另一方面与老员工相比，他们具有极大的不稳定性，这一年龄段的员工工作基本都处于尝试、选择阶段，他们跳槽的概率非常高，尤其是当他们在公司中感觉"不得志"或者被"排挤"的情况下，肯定会毫不犹豫地"另谋高就"。针对这一年龄段员工的这两个显著特征，作为企业管理者，如果你的年轻军团中有真正的"人才"，就必须处处给予他们鼓励与机会，让他们在你的公司中感受到"被认同"的归属感。这样一方面可以充分激发他们"热血澎湃"的工作热情，另一方面可以更好地稳定人才，规避人才跳槽。但不要给他们过多的权力与自主权，因为他们的思想与能力在实践中往往在某种程度上具有不成熟性。

35～54岁的员工属于企业的"中流砥柱军团"，他们通常都已经历了工作初期的历练，培养、积累了丰富的工作经验、社会阅历，并且是培养了很好的随机应变、客观地分析处理各种状况的应变能力与思辨能力的"稳重型"人才。这些员工大多属于胸怀大志、处变不惊的企业中坚力量，与年轻员工相比，他们对企业无疑更具有深厚的情感，同时有着更为稳定的企业忠诚度。在这样的情况下，这一年龄段的企业员工既具有最可信赖的工作能力，又具有最可信赖的企业忠诚情感，因而他们是企业管理者必须给予高度重视的中流砥柱。

但是，这一年龄段的员工通常都具有很强的事业抱负心理，他们会更希望得到公司的重用，或者参与到公司的高层管理当中，或者得到领导的更多赏识。另外，这一年龄段的员工与年轻员工相比，他们更具有自己的思想，会对领导的决策与思想产生怀疑，形成自己的认知。针对他们的这两种心理特征，作为企业管理者一定要懂得提拔有能力的"资历员工"，使他们的事业心得到鼓舞，同时对这些有能力的中间年龄段员工给予适度的放权与信任，让他们形成一种企业主人翁的感觉，从而更好地为企业发展效力。

55岁以上的员工在现代企业强调"人才结构年轻化"的经营管理理念中，自然会成为一些企业管理者最不想招募和留用的职员，因为他们通常会被认为是"技术守旧、思想守旧、不易变通"的老年化人才。但著名企业管理学家埃里克森和莫里森却强烈支持招募、留用老职员，因为他们具有最高的企业忠诚度，并且可以观测到很多年轻人容易忽略的问题。尽管他们在一些现代化技术的应用与对现代化管理理念的理解中明显存在劣势，但他们并不是"人老无用"之辈。

因而作为企业管理者，如果你的企业中存在这样的"高龄化人才"，不妨在其退休后继续聘任他们做企业的兼职，并且给予他们足够的尊敬。需要注意的是，这样的高龄员工不适宜再给他们分配任何高强度的工作，尤其是要关注他们的身体健康。

适当满足员工的需求与欲望

马斯洛提出了著名的"人类需求层次理论"。这一理论所阐述的本质思想就是，人力资源管理的目的就是为了满足员工们不同层次的需求与欲望。因为员工之所以选择从事某种工作，完全是基于个人的某些欲望的需要，一个没有人生与生活需求及欲望的员工是不会积极主动地寻求工作、付出劳动的。

三国时期的曹操曾经说，人活着就是为了满足自己的欲望。需求与欲望是人的本性所在，任何一个人在从事某件事情的时候，都是受需求与欲望的支配而发生行为的。被称为"人本主义心理学之父"的美国著名哲学家马斯洛这样说："人是一种欲望型的动物。"正是基于这样的认知理论，马斯洛才提出了著名的"人类需求层次理论"。在这一理论中，其所阐述的本质思想就是人力资源管理的目的，就是为了满足员工们不同层次的需求与欲望。因为员工之所以选择从事某种工作，完全是基于个人的某些欲望的需要，一个没有人生与生活需求及欲望的员工是不会积极主动地寻求工作、付出劳动的。从这一意义上讲，企业管理者如果不能适度满足员工的需求与欲望，就无法激发员工的工作欲望，更无法留住人才。企业管理者如果一心想要寻找没有任何需求与欲望的员工，就等同于永远也找不到员工。

现代企业中，在以"人本主义管理学"理念为主导管理思想的管理体制下，员工的个人待遇比之从前的确得到了很大改善，并且现代大部分管理者都非常注重"人性化"管理思想。然而，一份问卷调查却仍然显示出了大部分企业员工的抱怨心理，这一份问卷调查将"适度满足员工需求与欲望"的要求进一步提升到了一个社会关注的高度。现在我们来一起看一看这份问卷调查的内容，从中分析一下你作为企业管理者必须高度重视的问题。

这份企业员工满意度调查问卷的内容是：在工作中，我是否有明确的工作职责；我是否拥有完成工作所必需的设备与设施；我是否每天都有机会发挥自己的特长；在过去的七天中，我是否曾受到表扬；上级和同事是否关心我个人；在公司是否有人关心我的成长；公司的宗旨是否使我感到我的工作很重要；在单位，我说话是否得到尊重；我在工作单位是否有一个最好的朋友；我的同事对工作质量是否精益求精；在过去的六个月内，单位是否有人谈到我的进步；去年我是否有机会学到新东西。调查结果显示：有接近56%的人认为公司对他们的生活和事业漠不关心，有65%的人认为他们无法做到对公司以诚相待。

在这项问卷调查的"员工心声"问答中，员工们表现出满意度的基本上有这样几个方面：在企业工作，获得一份工资是最基础的，精神、友谊及自身的成长才是最重要的；我经常参加公司的体育活动，公司丰富多彩的企业文化生活让我很开心；我毕业参加工作没多久，家又是外地的，单位经理和同事对我一直都很照顾，这让我感到很温暖；我的工作或者说我工作的价值不在于薪酬多少，而在于获得一种个人的成就感。

这一项问卷调查充分阐明了三个层面的问题：其一，员工希望得到公司的尊敬与真诚对待，得到最基本的尊重，即员工的"人格需求"必须得到满足；其二，员工希望得到公司的认可与赏识，得到一个自我发展的机会，即员工的"事业需求"必须得到满足；其三，员工希望得到公司的体谅与照顾、得到关爱与帮助，即员工的"生活需求"需要得到适度满足。

这些基本需求是人的本能欲望与生存需要，对于企业而言，只有适度满足了员工的基本需求与欲望，才能够保障员工的正常工作状态。这一

"正常工作状态"包括员工的客观工作生活环境状态，也包括员工的主观心理情绪状态，只有将这两方面协调为一个"满足状态"，才可使员工正常工作，才可期望员工发挥出最大的工作热情与工作潜力，为企业创造更丰厚的效益。反之，如果企业以苛刻的工作条件与管理体制限制员工基本欲望的满足，导致的将是企业员工创造力不足和企业人才的流失。

试想，谁能在"被剥削"的感觉中保持高涨的工作热情？谁会在基本需求得不到满足的情况下依然对其他企业的优厚待遇无动于衷？当人才在你的公司中一直不被赏识与重用，其事业抱负得不到实现，他还会安心于工作吗？当员工在你的公司遇到生活困境，需要得到上司的理解与关照时，你以"周扒皮"式的苛刻体制严格拒绝之，他还会心甘情愿地为你的公司创造价值吗？当属下在你的公司中得不到任何尊重与体谅，遭遇的完全是你的"霸权主义"，他还会对你心悦诚服吗？显然，你对他人意愿与欲望的忽略，最终所导致的将是基层的"众叛亲离"。要知道，任何人都是具有欲望与情感的动物，你要赢得他人之心，就必须先满足他人之心。

概括而言，如果你想使你的企业军团充分发挥其创造力，你想防止你的人才跳槽外流，就必须以极具人性化的"人本主义"管理体制去体察、满足上述提到的三个层面员工的基本需求与欲望。

给部下足够的面子

正如古语所言："给他人留以面子，就是在给自己赢得面子。"作为企业管理者，只有率先去尊重员工，才可赢得员工的敬重，才可赢得部下的认同。在此基础上，你才可以有效地调配员工的工作，激发员工的工作热情，使你的员工心服口服，心甘情愿、热情高涨地为你的企业创造财富。

俗语说："人要面子树要皮。"在社会当中生存和发展的任何一个人，无论其身份地位是高贵还是低微，在与他人交往中都是以自身的人格尊严作为支撑的，因而我们说在人与人的交往中要顾及他人的自尊，给他人留以面子，这样才不会破坏人与人之间交往的和谐构架。在企业管理中，这个道理也是相通的。企业管理者必须清楚一点，员工虽然地位低你一级，他们虽然要受命于你，并且必须接受公司各种规章制度的约束与规范，但同时员工是具有独立人格和思想的个人，他们有着自己的尊严与不可被他人侮辱、蔑视的人权，得到上司的尊重是员工的最基本待遇。从这一角度讲，尊重员工是企业"人本主义"管理理念最为基本的要求和原则。此外，正如古语所言："给他人留以面子，就是在给自己赢得面子。"作为企业管理者，只有率先去尊重员工，才可赢得员工的敬重，才可赢得部下的认同。在此基础上，你才可以有效地调配员工的工作，激发员工的工作热情，使你的员工心服口服，心甘情愿、热情高涨地为你的企业创造价值。

在企业的运营发展以及日常管理过程中，企业领导要树立自己的威信，同时企业员工也要实现自身的个人价值，这是一个双方互动的过程，而这一互动过程当中的基础运作从根本上讲，就是双方的人格需求，即领导与员工都希望得到对方的赏识与尊重，并以此为基础来实现各自不同的事业目标。因而作为企业管理者，如果想要使自己和员工之间和谐发展，维系好彼此间相互依存的共生关系，就必须以"敬"字为前提和根本。

体谅部下的苦衷、宽容部下的过失，在部下遇到尴尬场合时能够及时地伸手解围予以"救场"，这才是一个合格的领导人所应具备的"领导风范"，它所体现的是一个成功企业管理者的"高姿态"。这样一种"高姿态"在给部下留足面子的同时，更重要的是使自己赢得了部下的信赖与敬仰，赢得了更多的发展空间与坚挺的情感支持。

某公司招聘了一名刚毕业的大学生做文秘工作。这名大学生虽然学识不浅，也很有头脑和才干，但因为没有实际工作过，因而对一些高级办公设备的操作并不是十分熟练。一次，经理要她给一位客户传真一份文件，因为这名大学生从来没有用过这种高档传真机，所以操作时难免仔细研究思考了一番。而正着急发资料的经理此时刚好又接到客户的催发电话，他情急之下不禁对这名大学生大发雷霆，当着办公室里数名员工的面责骂这名大学生蠢笨如猪，就是一个只会纸上谈兵的书呆子。当时这位大学生虽然没有顶撞她的经理，但心里十分委屈，尤其是在刚进入公司之后就在众人面前遭遇上司如此不通情理的责骂，自尊心受到了极大的伤害，后来这位大学生虽然凭借自己的聪明才智在半天之内熟练掌握了各种办公设备的操作，但经理那一次不留情面的责骂在她内心所形成的阴影始终没能够消散。一个月后，这名大学生通过网上应聘，被另外一家大公司录用，在辞职时虽然经理再三挽留，说公司其实很需要她这样有学历、有能力，能够机敏处事的高级文秘，但这位大学生还是坚决辞职离开了公司。她只对经理说："我很感谢您对我的挽留，但是我不希望被我的工作单位当成一个没有人格与自尊的劳力，我希望自己能够在一个更为融洽、和谐的环境中工作，因为员工也是有着独立人格的个人。"当人才流失之后，这位公司经理虽然后悔自己对员工不留情面的行为，但伤害在他人内心所造成的疤痕又怎么能够消除呢？

在这个故事中，如果这位公司经理当时能够耐心地多给这名大学生几分钟时间，或者找熟悉设备操作的其他员工帮忙指导一下这名大学生，哪怕他只是以体谅的态度多说一句鼓励的话，即便只是平心静气地说一句："客户有点着急了，你尽快按照要求弄好吗？你是否需要什么帮助？"而不是不顾及对方感受地当众责骂，就都不会伤害到这名大学生的自尊心，反而会使她感受到一种被体谅的温暖，在日后的工作中她不但不会跳槽，而且会因为上司的善解人意而形成对公司的忠诚情感。

由此可见，一个管理者对待部下的言行态度对部下的影响有多么重大，更为关键的是，自己的口不择言、急不择行终将导致自身企业的损失。多包容部下、体谅部下，给部下留以足够的面子，你激发的将是部下的感恩之心，你所赢得的将是部下的忠诚情感。

简而言之，给部下留以足够的面子，讲求的就是一个彼此尊重的互敬原则，作为一个成功的领导人、管理者，你必须懂得去关照部下的自尊，懂得尊重部下的人格。

记住下属的姓名

善于记住他人的名字，是社交学中一项最基本的礼仪，并且是一种颇具成效的情感投资。作为领导者与管理者，必须善于记住下属的名字，这既是对下属的尊重，也是在为自己赢得坚挺的情感支持。记住下属的名字比任何肤浅的方式更能够打动下属内心的认同情愫，赢得下属的情感与忠诚。

姓名在普通意义上讲，它只是某一个人的"代号"，是人与人之间相互区分、各自指代的一个符号，似乎没有什么更为特殊的意义。但是，从姓名的情感意义上讲，它具有一种更为深层次的情感指代，因为每个人都会在长期的"呼唤"中对自己的名字形成一种极为特殊的感情，这是一种对自己姓名的认同感与认定性。行为学家曾这样说："在广袤的宇宙中，只有一种字音对人们最为重要，那就是人们的名字。"所有人的潜意识之中都有一种希望他人记住、呼唤自己名字的情愫，当一个人的名字被他人尤其是自己所在意的人、敬仰的人、地位高于自己的人记住并呼唤出来时，被呼唤的人便会在心中产生一种极强的被关注感与被认同感。正是基于姓名学的这一深层次的情感意义，记住下属的名字便成为领导和管理者所必须学习、掌握的管理艺术，记住下属的名字将比任何肤浅的方式更能够打动下属内心的认同情愫、赢得下属的情感与忠诚。善于记住他人的名字，是社交学中一项最基本的礼仪，并且是一种颇具成效的情感投资。作为领导者与管理者，必须懂得记住下属的名字既是对下属的尊重，也是在为自己赢得坚挺的情感支持。

拿破仑在与下属交流中，能够叫出部下全部军官的名字，因而赢得了下属们的尊敬与爱戴。每一次他在军营中走动、视察的时候，遇到某位军官时便会亲切地叫出对方的名字，并热情地与对方打招呼，询问对方的工作情况与家庭生活情况，他的这种行为让下属们颇为吃惊，因为即便是高一级的长官都未必会记住他们的姓名，而高高在上的拿破仑竟然会对他们的情况了如指掌，连名字都能够亲切自然地喊出！这无疑在全部下属内心形成了一种被高级领导关注的"感动之情"，而这样的一种情愫更促使下属们形成了一种对拿破仑的绝对忠诚，他们每一位军官都忠心耿耿地甘愿为拿破仑效劳。

如果说名字是一个人的代号，那么这个唯一特指的代号就是呼唤、开启一个人内心隐密情感的"咒语"。当你准确呼出下属名字的时候，这就是对下属一个小小的恭维。这个"小小的恭维"代表的是尊重、关注、体贴，会在下属内心产生一种不小的情感冲击，反之，如果你忘记了或记不准下属的名字，在一些时候便会形成一种很糟糕的尴尬状况。试想，你在给下属分配工作的时候，你不能够喊出对方的名字，而是"喂，你负责什么"，这样的场面会形成和谐的氛围吗？这时大家或许完全明白你的意思，也不会因为你不清楚他们的名字而对你有责怪之心，但你却失去了下属对你的"情感亲切度"。对于他们而言，你就是站在公司高层的指挥者，而不是他们心中的"大家长"。

自然地，记住下属的名字也不是一件简单的事情。如果你的公司规模很小，你的员工只有那么几个人，你完全可以轻而易举地记住他们每一个人的名字，而如果你的公司达到一定规模，你的员工达到几十甚至数百人时，要清晰地记住下属的名字的确不是一件易事，这便需要你掌握一些能够牢记大量名字的方法，并花费一些心思去做好这些事情。

想要记住下属的名字，就要在对方介绍姓名或他人为你介绍对方姓名时聚精会神地聆听，然后牢牢记在心里。千万不要发生那种询问过人家姓名之后转身即忘的事情。如果你在聆听对方介绍自己的姓名时没有听清楚或者是没有记住，那么一定要再询问一遍，你可以说："对不起，我没有听清楚。"或者技巧性地说："对不起，我可以知道你的名字是几个字吗？"这样在对方具体向你介绍他名字中的某一字时，就会在你的大脑中强化对方的姓名印象。总之，你千万不可稀里糊涂地对待他人的姓名介绍，更不可因为担心被对方认为你没有仔细聆听而不再询问。

想要记住下属的名字，可以采取名字与个人特征相结合的记忆方式。每个人的长相或衣着外观都会在某些方面具有某种特征，例如有的人眼睛特别大，有的人个子特别高，有的人在某一技术或艺术方面具有超凡的才干，甚至某些人会因为他们的特长而具有一些"雅号"。这些信息如果你可以悉数捕捉，而后标注在他们的名字印象中，那么你便可以很轻松地将名字与某人"对号入座"了。在这种情况下，对于同名人或者具有共同特征之人，你一定要采取"区分标注"的差别记忆法则，以自己容易记忆的方式给他们作符号区分。

想要记住下属的名字，可以使用"备忘录"记载的记忆方式。在很多时候，如果是接待贵宾，你在别人面前拿出个本子来记人家的名字，一定会给人一种非常不礼貌的感觉，但对待下属则不会。如果你在不能够记住下属名字的时候，拿出一个小本子，对下属说："请稍等一下，我的记忆力不好，请让我把你的名字记下来。"出现这样的情况，你不但不会招致下属的反感，相反，你用心去记忆对方名字的表现，还会使下属感觉到你对待他的真心与关注。当然，你也可以在日常生活中将某人名字与某人特征的分类——整理在小本子上，以方便自己记忆。但是，做了记录之后，你一定要记得经常翻看这个小本子，并与你和对方交谈时的场景相结合，这样才能真正牢牢记住对方的名字。

想要记住下属的名字，有一点是至关重要的，就是必须尽可能地多和下属接触，只有多接触才会形成熟悉的感觉，才会真正在头脑中形成对某人的固定印象。

管理以员工的心甘情愿为前提

作为企业管理者，要使员工心甘情愿地从事工作、接受领导，所讲求的自然不是命令性的强制要求，也不是没有原则和限度地去完全依从员工的需求与意愿。这一管理理念的本质讲求的实质就是"攻心"，即赢得员工之心，使员工在心悦诚服、心满意足的状态下为企业创造财富。

心甘情愿自然是指某人完全发自内心地、没有一点勉强地去自愿从事某种事情或做出某些牺牲。对于企业员工而言，心甘情愿地接受管理和领导，为工作而奉献，自然就是要使员工们在毫无抱怨、毫无勉强的情况下发自真心地去履行自己的岗位职责。而作为企业管理者，要使员工心甘情愿地从事工作、接受领导，所讲求的自然不是命令性的强制要求，也不是没有原则和限度地去完全依从员工的需求与意愿。这一管理理念的本质讲求的实质就是"攻心"，即赢得员工之心，使员工在心悦诚服、心满意足的状态下为企业创造财富。

那么，为什么说企业管理一定要以员工的心甘情愿为前提，为什么要使员工在心甘情愿的状态下进行工作呢？这个道理很简单。举一个简单的例子，当你从事某一件事情的时候，如果你是在被逼无奈的状态下去进行的，你会竭尽所能地完成任务吗？显然，你或者敷衍了事，或者干脆拒绝不做，在这样的情况下，即便你是真的按照要求去做了，效果也一定会是事倍功半；反之，如果是你从事一件自己心甘情愿想要做的事情，那么你一定会以饱满的激情全心全意地去完成这一"使命"，其结果不但事半功倍，并且还会使你感受到相当大的满足感与成就感。

管理员工也是一样的道理。如果你能够使员工在心甘情愿的状态下进行工作，那么员工一方面可以开发无限的潜能，为企业创造更为丰厚的财富，另一方面也会使员工形成一种"欲望满足感"，他们会因此形成对管理者和企业本身的归属感与忠诚感。

让员工心甘情愿地进行工作，就是要以经营人心之道赢得人心，令员工心服口服，而要做到"令人心服从"，首先就必须做好"令人心满足"。也就是说，企业管理者要想使员工心悦诚服，首先应让员工心满意足，这便要求企业管理者必须在努力提高员工的工作满意度上下工夫。试想，抱怨满腹的员工又怎会对你的领导心甘情愿呢？

华盛顿少年时代曾在自己家的院子后面栽种了一棵树，他一心想要这棵树快些结出丰硕的果实。当时，他的父亲看到后，就对华盛顿说："你很想让这棵树在明年春天结出果实是吗？那么，你需要知道一件事，如果你想要在明年吃到这棵树的果实，就必须让这棵树在阳光温暖的地方生长，而且要经常为它培土、灌溉。如果你能够帮助这棵树得到它想要的，它便会心甘情愿地给予你想要的。"父亲的话给了华盛顿很大的启示，并且对其以后所主张的民主建国的思想产生了深远影响。这样一种满足以获取人心的"攻心"之道，在现代商场被广泛应用到了企业管理当中，以此激发员工自主工作、热爱工作及企业的热情，最终形成企业的有效管理。

从普遍意义上讲，员工在企业的工作满意度是由这样三个方面的因素所决定的，即期望、承诺和表现。期望是员工基于对企业的形象认识所产生的对于在企业工作所能获得的利益预期，承诺是企业承诺给员工的、能够完全兑现的工作报酬和福利待遇，表现则是员工对企业整体经营效果、管理水平和兑现承诺等综合形象的直观感受。一个企业要想在员工心目中树立好的形象，就需要给予员工合理的期望，认真兑现承诺，并重视实际良好地表现。

同时，要做到让员工心服口服，除了平衡员工的内心满意度之外，还必须坚持以关心让员工感动的情感经营之道，让员工在企业中感受到如家般的温暖，使其发自内心地愿意为这个大家庭付出、奉献。

世界著名企业摩托罗拉集团为了缓解高压力工作对员工家庭和睦带来的不利影响，常常定期组织员工家属进行联谊活动，增强员工的归属感。而国际知名咨询公司罗兰贝格为了让员工尽可能有一个好的感受，要求员工出差时必须入住五星级以上的酒店。以上这些"贴心关爱"之举，非常成功地触发了员工情感上的认同感，使员工对企业心存感动。这样一来，自然而然地就调动了员工的工作热情，使员工增强了服从意识。

总而言之，使员工在心甘情愿的状态下接受管理、服从工作，就是要以相互尊重、关注关爱、适度满足等攻心方式去经营员工之心，使员工形成对企业的感动之情与感恩之心，并因此而心悦诚服地为企业效力。

持之以诚，换回真心

在企业管理中，持之以诚的管理之道更是赢得员工情感、获得员工认同的根本要素。著名大企业家李嘉诚曾说，个人企业就像一个大家庭，每一个员工都是家庭的一分子。持之以诚地对待员工，既是企业自身运营发展的需求，也是企业道德责任的要求。

有一句名言是这样说的："真诚是人最美丽的外衣，是心灵最圣洁的鲜花。"以真诚经营人生与人际关系，收获的永远是圣洁与真情意，这是毋庸置疑的哲理。在企业管理中，持之以诚的管理之道更是赢得员工情感、获得员工认同的根本要素。著名大企业家李嘉诚曾说："个人企业就像一个大家庭，每一个员工都是家庭的一分子。就凭他们对整个家庭的巨大贡献，他们也实在应该取其所得，所以说，是员工养活了整个公司，公司应该多谢他们才对……对我自己来说，股东相信我，我能为股东赚钱则是应该的。我一向这样想：虽然老板受到的压力较大，但是做老板所赚的已经多过员工很多，所以我事事总不忘提醒自己，要多为员工考虑，让他们得到应得的利益。"

李嘉诚之言很容易理解，员工是一个企业维系正常经营运作、创造财富的根本，失去员工的支持与工作，企业将失去未来发展的空间与可能。因而企业是否能够维系好与员工之间的和谐关系，是否能够赢得员工的情感支持，将决定着企业的发展前途。从这一意义上讲，以真诚对待员工是赢得员工情感支持的最有效途径。此外，员工为企业发展贡献了才智与劳务，为企业效益创造了无限价值，从这一角度来讲，员工理应得到企业的尊重、礼遇，以诚相待。因此来说，持之以诚地对待员工，既是企业自身运营发展的需求，也是企业道德责任的要求。

我们都知道李嘉诚是商界颇受人敬仰的大企业家，尤其是他公司的员工在谈及李嘉诚时，无一不对其敬重有加，都表示愿意为公司发展竭尽全力、全心奉献。这些"表示"不是宣讲，更不是空话，李嘉诚公司的员工凝聚力完全超过了其他许多的公司，并且他们对企业都具有一种"主人翁"的归属感，他们大都表示说："我们的企业对待我们一片赤诚，无论在工作还是生活方面，都给予了我们极大的关怀，我们怎么能够不以感恩之心回报企业呢？"李嘉诚对待员工的持之以诚，在整个商界都享有盛名。

例如，有一次李嘉诚公司的一位工作了十年之久的中级会计患上了青光眼，因此没办法再在公司中任职。这位中级会计在治疗期间将公司所规定的医疗费用全部用完了，不能继续从事工作的他生活所面临的困境可想而知，更何况那个年代不是现代的社会环境，公司福利与社会福利都是有一定限制的。当李嘉诚了解到这位中级会计的处境之后，立即赶到这位会计家中，真诚地对他说："首先，我必须表示要再支持你去看病，你的医疗费用会继续由公司来支付。另外，我不知道你的太太工作是否稳定，如果你的太太工作不稳定，那么可以来公司工作，我会保证给她一份收入稳定的工作，这样你们的生活就会有所保障了。"李嘉诚的这种做法，不仅感动了这位中级会计，而且感动了其他看在眼里的公司员工。

类似的实例不胜枚举，李嘉诚持之以诚，真心实意对待员工、关爱员工的故事，每一位员工都可以列举出两三个来。正因如此，李嘉诚公司的员工都为拥有这样一位贴心的老板而感到幸福，并且积极热情地以自己的工作业绩回报企业的关爱。

作为企业管理者，你必须清楚地认识到一个问题：如果你想要激发员工的无限潜能，想要赢得员工的奉献情感，就必须做到真心诚意地对待员工。否则，如果你因维护一己之利而忽视员工的利益，那么员工不但会失去工作的热情，而且很有可能会给你制造麻烦。

而持之以诚地对待员工，企业管理者应该如何去做呢？其实，以诚相待之道最为根本的就是要设身处地为员工考虑，作为企业管理者，要处处体察员工的需求与困境，要尽力满足员工的正当利益与基本需求，要尽可能地为员工创造完善的福利制度，要去实际解决员工的困难、照顾员工的生活。总之，企业管理者要始终坚持以员工的利益为先，尤其是当公司利益或自身利益与员工利益发生冲突时，一定要坚持适当满足员工的利益。

做到持之以诚地对待员工，必须注意以下几点：作为企业管理者，不能以施小恩小惠之心去看待员工，即不能将对员工的关心视为"恩惠"；不能对员工的承诺掉以轻心，一定要言出必行，不可使对员工承诺的事情或条件成为"空头支票"；不要仅仅将关心员工理解为关心员工的工作，而更要关心员工的生活、体察员工的内心。但关心员工、满足员工需求并不意味着放纵员工，对员工的错误在包容的同时，也要以诚意指出，帮助其改正。

尽力做到让员工"安"心

让员工安心的含义，具体而言，可从两方面进行阐述：其一，做到让员工安心工作，就是要消除员工的后顾之忧，让员工能够全身心地投入到工作当中；其二，做到让员工安心工作，就是要消除员工的忧虑之心，让员工能够心无他念地稳定工作。这两点归结而言，就是要让员工形成一种"以企业为家"的心态，让他们形成对家的依赖感与归属感。

让员工安心是现代各个企业管理理念的一个共同宗旨，因为唯有员工安心，才可稳定工作，才可心无旁骛、扎扎实实地为企业奉献，竭尽全力地发挥自己的才干、潜能，在实现个人人生价值的同时为企业创造价值。这一管理理念的重要意义不言而喻，非常容易理解，而关键则在于作为企业管理者如何才能做到让员工安心，如何才能做到让员工将精力集中投入到工作之中。

首先，我们要充分理解何为"让员工安心"，也就是让员工安心的含义。具体而言，让员工安心可从两个方面进行阐述：其一，做到让员工安心工作，就是要消除员工的后顾之忧，让员工能够全身心地投入到工作当中；其二，做到让员工安心工作，就是要消除员工的忧虑之心，让员工能够心无他念地稳定工作。这两点归结而言，就是要让员工形成一种"以企业为家"的心态，让他们形成对家的依赖感与归属感。而员工是否能够做到"以企业为家"，关键则在于企业是否能够为员工创造一种如家般的温暖环境，让员工愿意为之倾心奉献并不离不弃。

作为企业管理者，要做到让员工安心、以企业为家，就要讲究管理之道，并要使自己的管理体制与企业待遇最大化地满足员工的基本需求，为员工创造良好的工作环境，并关照好员工的生活、健康以及心理。要做到使员工安心的管理之道主要体现在以下几点：

第一，让员工安心、稳定工作，企业就要做好员工待遇的改善，让员工充分享受到企业的关爱之心。在现代企业中，一定要改善员工的待遇，以此来满足员工的基本需求和其心理期望。

例如很多企业所纷纷实施的"史堪农计划"管理方案，即在有效保证员工基本薪酬的基础上，根据员工的工作量、劳务付出量来追加员工的劳动报酬，一般基准为提取员工创造价值超出部分的40%到50%来分配给员工，这样一来，企业有效保障了员工的固定薪酬，也使员工获得了更为丰厚的盈余奖励。企业这样做无疑能够使员工消除薪酬过低的顾虑，他们会为了更好的薪酬待遇而全身心地投入到高效的工作当中，安心为企业创造效益。类似的举措还很多，比如年节嘉奖、各种保险、住房公积金、公司员工基金会等用于保障员工生活、健康、疾病治疗等的企业制度与措施。

第二，让员工安心、稳定工作，企业就要建立起良好的企业文化，以此来增强员工的使命感、凝聚力、责任心，让员工以企业为荣，乐于成为企业大家庭的一名成员。

很多人都对日本企业的"终身雇佣制"的成功实施感到费解，都很难想明白他们是怎样做到使员工安心于企业的。其实，这其中的奥秘就在于日本企业成功地塑造了员工的使命感，使企业对员工形成了一种非常强大的吸引力。在日本企业中，雇主与员工基本没有身份上的区别，他们穿着同样的工作装，在同样的餐厅吃同样的饭菜，而且经常以各种精神文化渲染来对员工进行企业文化熏陶，使员工形成对自己企业的"骄傲满足感"。老板与雇员的无差别化待遇以及企业文化精神的培养塑造，使员工形成了高度的企业归属感，从而将企业职责视为自己的使命，将企业视为自己的"大家庭"。与之相比，美国企业员工则浮动颇大，频频发生择业、跳槽、择业的循环往复现象，其根本原因就在于美国企业的"重利益化"管理体制导致了企业文化精神塑造不平衡，因而使员工缺失了企业的使命感与归属感。

第三，让员工安心、稳定工作，企业就要尽量为员工改善工作环境、创造良好的工作条件，让员工在相对舒适、轻松的工作环境中舒心工作。管理学家曾明确指出，良好的工作环境有助于消除员工的疲劳感与压抑感，有助于员工形成一种轻松、愉悦的心理状态，从而乐于从事工作，并在潜意识中形成一种与企业的同化感。

第四，让员工安心、稳定工作，企业就要在关注员工工作生活的同时，更多地关注员工的日常生活与心理情绪，并及时给予员工心理慰藉，让员工感受到企业的关爱与温暖。这一点主要体现在对员工特殊情况的照顾、生活困难的帮助、个人关怀等细节方面。如果企业很好地做到了对员工的体谅与照顾，那么一方面企业因此而消除了员工的困境，使员工可以安心于工作，另一方面企业可以因此使员工形成一种乐于为企业长久效力、全心效力的稳定心态。

下 篇
管理博感情——成功管理无须铁的冰冷

Chapter 11　博取员工感情，这些用人技巧最管用

员工是一个企业谋求发展、创造财富的主力军，员工之于企业，就如同民众之于王国，一个没有民众的王国无以称为王国，因为它失去了创造价值与意义的根基，完全是一个形同虚设的"空架子"。对于企业而言，如果失去了员工的信赖与依赖，失去员工对其投入工作、高度奉献的热情，那么企业的任何发展与效益都无从谈起。而员工情感应该如何去赢得，企业用人之道又贵在何处？这些势必会成为一个企业管理者必须了如指掌的一门艺术，管理者用人就如同用兵，唯有做到用好员工，才可成就企业与自身的前途发展。在本章所要讲述的就是企业管理者的用人之道，教管理者如何去博取员工情感，激发员工的最大工作热情，为企业创造出丰厚的效益。掌握这些用人技巧，你将会成为一名攻无不克的成功企业人。

善待员工：从员工希望并愿意接受的方式出发

善待员工，以员工希望和乐于接受的方式进行管理，这才是最有智慧的管理，也是最富有人情味的管理。这样必将极大地激发出员工的积极性和能动性，使他们为企业的发展壮大贡献出自己的力量。管理员工是一门艺术，并不只是靠简单冷漠的规章制度以及命令就能够做到的，只有站在员工的立场上，从他们愿意接受的角度出发，才能发挥出管理的最佳效果。

作为企业的管理者应该善待员工，从员工希望并愿意接受的方式出发，以此作为我们管理员工的基础。管理员工是一门艺术，并不只是靠简单冷漠的规章制度以及命令就能够做到的，只有站在员工的立场上，从他们愿意接受的角度出发，才能发挥出管理的最佳效果。

善待员工，从员工希望并愿意接受的方式出发，要求管理者具备以下几方面的素质：

第一，管理者要充分地了解员工，这是善待员工的前提。作为一个企业的管理者，我们要知道充分了解一个员工、了解他的优缺点并不是一件容易的事情。但是，假如我们能够做到这一点，充分了解自己的员工，那么我们就能够在员工当中树立起一个亲切的形象，在开展工作的时候也就会顺利得多。每个人都会为了自己的知己而尽力，一个能够充分了解员工的人，不管是在工作效率还是在领导威望方面，都会是一个非常出色的管理者。充分了解我们的员工，应该遵循一个渐进的规律：首先要了解他们的学历、工龄、家庭成员和背景以及他们的特长兴趣等，当然我们还要注意了解一下员工当前的思想状态、他们对企业的热情和忠诚等；其次，我们要了解他们在工作和生活中遇到的困难，能够在他们遇到困难的时候帮助他们，要用我们的实际行动帮助他们解决问题。这样我们就能深深体会到员工的为人和心声，在心灵上会产生一种默契，使我们在今后的决策过程中能够多想一想员工，从他们的利益出发思考问题。

第二，我们要学会倾听员工的心声，了解他们的诉求。一般说来，作为一个企业的管理者，我们都有自己的管理思想和固定的管理方法。一般说来，这种倾向有助于我们果断地做出决定，有助于我们迅速地确定行动计划，但是从另一个角度上看，这种固定的管理方法也容易滋生自大的心理，导致做事情一意孤行，听不进别人的意见，从而造成一些决策的失误，给企业和员工都带来不小的伤害。其实，在企业的管理和决策过程中，善待员工，以他们愿意接受的方式来管理他们，聆听员工的诉求和心声，也是团结他们、带动他们工作积极性的有效方法。如果我们用一种让员工不舒服的方式来管理他们，用硬性的命令强迫和压制员工正当的利益诉求，那么势必会严重伤害员工的积极性，削弱他们的主观能动性，使他们失去对工作的热情，那么想要他们高效地完成工作就不可能了。因此，作为一个管理者，我们应该善待我们的员工，用他们感到舒服的方法管理他们，耐心地听取他们的诉求和照顾他们的合理利益。当存在问题的时候，我们要及时找到症结所在，解决员工的实际问题，并耐心地开导他们，向他们解释其实他们也是管理的受益者，这样才能让我们的管理变得高效和谐。对那些犯了错误的员工，我们也不能一味地训斥、挖苦。一味地埋怨和压制只能适得其反，什么事情都要给他们一个解释的机会，不能主观臆断、一味打击。

第三，善待员工，从员工希望并愿意接受的方式出发，这就要求我们不断完善和创新管理的方法。善待员工，从他们希望和乐于接受的方式出发制定我们的管理策略，让他们快乐地执行，就需要我们这些管理者仔细观察员工对管理的反应，根据员工的诉求和反馈不断更新我们的管理方式，在原有基础上不断地创新，这样我们才能确保这一管理方式适合大部分员工的要求和期望，进而防止那种打击员工积极性的管理模式出现，及时改正不合适的管理方法和措施。

善待员工，用他们最希望的方式管理他们，就要求我们在固定的大原则下灵活地予以执行，绝不能墨守成规，死守章法和制度。有时候制度固然重要，但却会深深伤害员工的心灵，挫伤大部分员工的积极性。因此，在特定的情况下，我们必须超越一些陈旧的观念和死板的制度，以员工为中心，维护他们的利益和尊严。20 世纪 70 年代，西方的很多大企业都受到了危机的影响，企业利润步步下滑，有的已经到了面临亏损的境地。于是很多企业采取了新的管理方法，善待员工，以员工希望和乐于接受的方式管理企业，这极大地激发了员工的创造性和对企业的热爱之情，使很多企业慢慢有了起色，慢慢走出了危机。

第四，善待员工，以他们希望和乐于接受的方式管理，这就要求我们讲求民主，要淡化自己手中的权力，尊重员工的权益。企业的管理其实就是管理企业的员工，把每个指标、每项任务落实到员工的身上。我们手中的权力可以让员工无条件地服从，因为谁不服从谁就会受到权力的惩罚，就会被剥夺一些福利，这就是权力的作用。但另一方面，道德和良心、气质和人格上的魅力以及知识技能等也可以让人服从，这其实就是一种有别于权力的权威。作为一个企业的管理者，如果总是利用手中的权力来管理企业，是很可悲的。相对来说，利用权威来进行管理，则是一种非常明智的选择，而善待员工，用他们希望和乐于接受的方式管理，则是我们建立权威的基础。

善待员工，以员工希望和乐于接受的方式管理，这才是最有智慧的管理，也是最富有人情味的管理。这样必将极大地激发出员工的积极性和能动性，让他们为企业的发展壮大贡献出自己的力量。

知人善任：适时重用才华出众的员工

正所谓"尺有所短，寸有所长"，一个企业会有很多的员工，他们的知识技能、性格以及个人对企业的忠诚等各方面都会有长有短，这就要求作为企业管理者的我们做到知人善用。只有适时重用才华出众的员工，才可以形成有效的人力资源整合。那么，企业管理者要如何做到知人善用呢？

作为一个企业的管理者，我们应该知道，不管一个人如何出色，他也会有不足之处，而一个人再怎么笨拙，他也有可取的地方，正所谓"尺有所短，寸有所长"。一个企业会有很多的员工，他们的知识技能、性格以及个人对企业的忠诚等各方面都会有长有短。这就要求作为企业管理者的我们做到知人善用，适时重用才华出众的员工，坚持以才取人，把管理员工的出发点放在员工的适用性上。那么，这就需要我们在安排员工的岗位之前，先去了解他们的特点和能力。一百个员工肯定会有一百个不同的地方，每个人都是有别于其他人的存在。有的员工能力出众，做起工作来很麻利；有的员工则非常仔细谨慎，能够发现别人发现不了的问题；有的员工是一个天生的外交家，擅长处理各种矛盾和纠纷；有的员工则喜欢一个人默默无闻地工作……

作为企业的管理者，我们不仅要学会看那些日常考核表上的分数，更应该深入到基层，从员工的实践中去评估他们的才华，继而以才华为基础给他们安排适当的岗位，让员工做到人尽其才。当然，员工的才华不仅仅包括他们的技能，也包含他们对工作的态度以及为人处世等各方面的综合素质，甚至是他们向上发展的潜能。只有充分了解了我们的员工，做到知人善用，适时重用才华出众的员工，我们的管理才能和谐高效，我们的企业才能蒸蒸日上。

世界闻名的宏基集团，其创始人施振荣是一个公认的成功企业家，也是一个成功的企业管理者，他把知人善用、适时重用有才能的企业员工写进了企业文化当中。施振荣常说："宏基能够快速成长，从有形资产来看，是靠员工投资筹集大多数资金（前七年百分之百由同人投资，1988年股票上市时高过七成）；从无形资产来看，是同人的高度向心力。而紧密结合公司与同人的力量，就是企业文化。"施正荣作为一个企业的最高管理者，经常跑基层了解普通员工的工作情况。当发现有才能的员工时，他就会做出调整，判断这个岗位能不能满足这个员工的要求，能不能让他的才能发挥出来，如果不能的话，那么什么样的岗位适合他。因此，在宏基集团中，每个员工只要觉得自己有才能，都可以向管理者提出来，通过展现自己的才能，员工就有可能调升到最适合自己的岗位上去工作。这样一来，员工的才能得到了发挥，不仅员工满意了，对企业的管理者来说，也是一种自我调整，可以让企业变得更加有活力。

知人善用，及时发现员工的才能，要求管理者不以员工的年龄、身份为障碍。一般的企业都喜欢重用一些年轻有为的员工，把他们视为企业未来的基石。

我们还是以宏基为例，在20世纪90年代，正值公司发展壮大的时候，出于工作生产的需要，宏基就从其他企业的离退休人员中聘用了十几位经验丰富的老员工。按常理来说，应该重用自己企业里的年轻员工才是，而且这些老员工以前还是别的企业的，身份上有差别。但是，这些老人一进入宏基，都被委以重任，有的负责新产品设计，有的进入管理层负责一个领域的管理工作，有的负责产品质量的监管和检验，有的则当了企业的顾问。因为这些老员工有才能和魄力，能够帮助宏基发展，所以他们的年龄和身份都不是障碍。相反，为了吸引这些员工，宏基在薪酬上向他们倾斜照顾，给予高工资待遇，对这些员工倍加爱护。为了使这些员工们上下班方便安全，公司给他们配备了专车接送；为了鼓励他们的积极性，公司对待他们和其他的年轻员工一样，每年的评优晋先都有他们的一份。公司对他们的关怀和爱护，极大地激发了他们的工作积极性，他们把自己的技能毫无保留地传授给了公司里的年轻职工，让他们更快地成长了起来。而宏基也在这些员工的推动下，走向了世界。

因此，善待员工，找到他们愿意接受的方式管理他们，这是一种非常聪明的管理方式。这种管理方式不仅提高了管理的效率，更重要的是博得了员工的感情，使他们对我们的管理从心理上拥护，从过去的强迫式转变为现在的自觉自发式，这才是管理的最高境界。在这个基础上，我们知人善用，适时重用才华出众的员工，则能更加有力地提升员工的工作积极性和企业管理的权威性。重用有才能的员工，以才取人，放弃过去那种以身份地位甚至是年龄相貌为标准的量才标准，这样我们的管理才能得到大部分员工的拥戴，从而在管理过程中真正树立起我们的权威。

以大局为重：大胆起用会"挑刺"的员工

在实际的管理当中，我们在面对这些"挑刺"的员工时，要以大局为重，大胆地起用这些会"挑刺"的员工，这才是管理之道。作为一个企业的管理者，之所以不喜欢这样的员工，是因为觉得这些人不容易管理，但是我们换一个角度来考虑，员工们"挑刺"，实在是追求平等公正的一种正常的行为。

有时候，作为一个企业的管理者，也许会发现员工越来越"挑刺"了，他们的牢骚很多，不是说这个规章不公平，就是说那个制度不合理、不科学。有时候，作为管理者会对这种"挑刺"的行为视而不见，既然员工没有当面反映，那么也就当自己"没有听见"；有时候，管理者可能会觉得非常气愤，因为这种"挑刺"的行为和言语会让管理者感觉到压力，感觉到一直受否定。为了维护自己的权威，管理者一般都采取压制和打击的手段，视"挑刺"的员工为异类，把他们的言行看做是故意挑衅和对立，心中颇感不快，更谈不上起用这样的员工担当大任了。

其实，在实际的管理当中，我们在面对这些"挑刺"的员工时，要以大局为重，大胆地起用这些会"挑刺"的员工，这才是管理之道。作为一个企业的管理者，之所以不喜欢这样的员工，是因为觉得这些人不容易管理，但是我们换一个角度来考虑，员工们"挑刺"，实在是追求平等公正的一种正常的行为。企业的管理者应当正视这些爱"挑刺"的员工，因为这些员工对于企业来说，用得好会有很大的帮助，可以让企业时刻知道自己的缺陷，可以让一个团体时刻保持活力，可以让我们这些管理者头脑清醒，不至于得意忘形。那些不喜欢这类员工的管理者，只看到了他们身上的破坏性，因为爱"挑刺"的员工很容易打破当时的现状、引起怀疑等，这种情况是客观存在的。但我们也要意识到，"挑刺"的员工是帮助我们这些管理者发现问题的，尽管这些人带有对现状的一些不满情绪，然而他们是抱有改进的期望的。因为他们对企业还有热情，没有麻木地安于现状，所以这类员工在本质上是真心拥护管理的，是希望企业往好的方向发展的。

事实上，那些总是在"挑刺"的员工，其实是整个企业当中最关心企业生存和发展的人。新来的员工由于对企业不熟悉，对我们的管理方法也是采取学习的态度，也正因为是新来的员工，所以他们即使发现了所谓的错误，也会碍于自己的身份而不敢发言。只有那些老员工，对企业存在着感情，发现了问题或者不合理的地方，会采用发牢骚、"挑刺"的方式表现出来，这也是一种热爱工作的表现。也就是说，员工的"挑刺"并无恶意，如果我们能够大胆地接受建议，反倒能够改进我们的管理方法。

小王是一家企业的员工，是在2001年进厂的，到现在可以说是企业的老员工了。但是小王的顶头上司、包装车间的质量内检员对小王的印象是"老爱挑刺"，经常找"麻烦"。有一次，小王找到上司说："这个产品的包装塑料袋不行，上面经常破裂，耽误工夫不说，搞不好还会出事故，你应该立即解决一下！""上次你不是已经说过这个问题了吗？"上司问小王。"是啊，但是问题一直没有解决，包装中质量不好的塑料袋还是经常能够碰到，所以应该想个办法，不让这种有质量问题的塑料袋混进来！"小王这么一提，上司只好赶紧向后勤处求助，要求他们彻底整改。上个月的一天下午，眼看就要下班了，小王提着一袋子接头扔到上司的办公桌上，说："你看这些接头，附件都不一样，上油的工人却把这两种接头接在一起上油，这怎么行？"上司赶紧到上油组去看了看，并且亲自拿着尺子把接头的关键部位都量了量，所有的接头部件都一样。小王还是不放心，坚持认为这两种接头本质上有区别。上司没办法，只好打电话向供货企业求证，企业说两种接头基本相同，小王听了后才放下心来。

小王在工作当中就是这样不断地"挑刺",不停地提出自己的疑惑。比如"这个部件不合格啊""这两样部件不是一个型号,组装的时候要分清楚""这种组装方法有问题"……但让他的上司佩服的是,小王虽然爱"挑刺",他自己的工作却做得无可挑剔。小王的心非常细,总是在工作之前先把各样部件的型号和质量要求吃透,然后把各种部件清点好,从不在没有一点儿准备时就开始工作。不管什么样的工作交到他手中,他总是能很好地完成,小王常说的一句话就是:"做一件事情,就要把它做好!"正是在这种爱"挑刺"的精神指导下,众多的问题被他发现,从而避免了管理上的很多失误,为企业避免了很大的损失。在小王的影响下,车间的其他员工也端正了工作态度,提高了对工作的热情。上司觉得小王人很勤快负责,就向高层推荐小王担任了车间的质检员。

因此,在我们的管理工作中,面对这些爱"挑刺"的员工,我们应该分析他们的动机。当他们是为了改进我们的管理和工作而"挑刺"的时候,我们就要从大局出发,聆听他们的"牢骚",改正我们的工作,以求我们的管理能够适应员工的要求。我们也应该在日常的工作中,大胆起用这类员工,让他们能够把自己对管理上的不满变成改正的方法和动力,安排他们到合适的岗位上去,以求利用他们的热情,来促进我们管理上的不断完善。

信任下属:给他们一个自由发挥的空间

现代社会尊重知识、尊重人才已经成为企业管理的一个最基本的理念,只要员工有才能、有上进心,一个聪明的管理者一定知道信任下属会带来怎样的好处。知人善用,给下属一个自由发挥的空间,让下属在这个空间里尽情展示自己的才能和抱负,完成自己工作上的规划,这才是最好的管理。

在企业管理中，一个最重要的原则就是信任，所谓"用人不疑，疑人不用"，说的就是这个道理。相信下属，给他们一个自由发挥的空间，这才是作为一个企业管理者最基本的素养，只有相信他们，才能解放我们，让我们把主要精力放在宏观的管理上。假如大到一个企业、小到一个班组，所有事情都需要管理者一个人去做，那么我们可以想一想，即使这个管理者再能干，也会应付不过来。因此，作为管理者的我们必须相信自己的下属，把一部分任务和权力交给下属，让他们来承担和发挥。至于我们这些管理者，只需要充分地授权和监督就可以了。

有的管理者在把权力和任务交给下属之后，总是觉得不放心，所以他们会有意无意地去过问那些本应该由下属负责的事情，这样不管事情大小都要习惯性地过问，就会让下属做起事来掣手掣脚、左右为难。有的管理者却恰恰相反，在提出宏观的任务和要求之后，就把具体的工作交给下属去执行，自己则不加干涉，对下属采取完全信任的态度。我们可以把这两种截然不同的管理方法对比一下，稍有管理经验的人就会发现，第二种比第一种要好很多，聪明很多。因为第二种方法可以使我们和下属之间的关系和谐、相互信任，最重要的是能够给下属一个自由发挥的空间，充分激发下属的积极性和能动性，在下属办事过程中，我们也可以顺便考察一下他们的办事能力，可谓一举三得。相反，采用第一种方法来进行管理的人，他们不信任自己的下属，把下属当成自己手中的牵线木偶，看到下属的行动不符合自己的意志了，就动动手，硬把他们从原来的轨迹上拖到我们给他们安排的道路上，时间长了，下属自然没有了自己的思想，也就失去了那份难得的创造性。当然，我们不信任下属，下属也不会信任我们，这样的状态是非常危险的，是管理上的毒药，稍有不慎，就会断送掉企业的前程。

一个聪明的管理者一定知道信任下属会带来怎样的好处。知人善用，给下属一个自由发挥的空间，让下属在这个空间里尽情展示自己的才能和抱负，完成自己工作上的规划，这才是最好的管理。我们都知道，现代社会尊重知识、尊重人才已经成为企业管理的一个最基本的理念，只要员工有才能、有上进心，那么作为管理者，从企业长远发展的要求出发，有责任、也有义务为这类员工创建良好的发展环境，重视和鼓励他们展示才华。信任下属，我们就能激发出下属身上的潜力，不然只靠我们自己，即使拼尽全力，也难有什么大的作为。为此，我们最明智的管理方法就是只要宏观的调控，把那些具体的细节和过程统统交给下属去执行，这比起我们事事自己动手来不知道要好多少。这样一来，下属工作的积极性自然也会因为我们的信任而高涨，有才能的下属也会因为在工作中发挥了才能而得到提拔重用，成为管理上的一个亮点。当然，相信下属的前提是，我们已经对他们进行了考察，确认了他们的品行和才能。假如我们不加考察，一味地相信下属，是非常盲目的行为，同样会带来巨大的危害。

世界知名的杜邦公司从创立到现在已经走过了两百多年的历程了。杜邦之所以在经历了这么长的时间之后不但没有衰落，反而能够越来越强大，是因为它从始至终坚持了一个原则：相信下属，给予他们一定的权力，给他们创造一个自由发挥才能的空间。

很久以前，杜邦就建立了执行委员会制度，由企业里的员工代替一个人进行决策。经过不断的完善，形成了现在的经营管理机构——由 27 位董事组成的董事会作为公司的最高经营决策机构，每月的第三个星期一开会。董事会议闭会期间，由董事长、副董事长、总经理和六位副总经理组成执行委员会，行使其大部分权力，集体负责、分兵把关，承担日常的经营管理决策工作，推行董事会制定的营销策略。每个星期执行委员会都会就日常业务举办专门的会议，听取和审阅各个部门经理的报告和陈述，讨论生产销售等各个方面的情况，在大家讨论后再做出具体的决定。信任员工，让他们参与决策，就使得杜邦的重大决策很少出现失误。更重要的是，这种参与让员工感受到了归属感，激发了他们为企业奉献的动力和决心，让他们把自己的才能毫无保留地发挥了出来。

综上所述，作为企业的管理者，相信下属并给下属一个发挥才能的空间，这才是最好的管理方法。大到参加企业的决策，小到具体的细节工作，只要我们心里有信任，那么下属也必定会为这份信任贡献自己的才能，帮助企业更好地发展，使我们的管理和谐而富有成效。

任人唯贤：善用比自己优秀的下属

一些管理者可能会这么想：那些平庸的下属没有什么才能，也成不了什么大气候，威胁不到我的地位，不至于抢了我的饭碗，假如重用那些比我优秀的下属，不知道哪一天自己的地位就会不保了。而事实真的如此吗？为什么说作为一个管理者应该在用人上任人唯贤，大胆地重用那些有才能、比自己优秀的员工，让他们在适合自己的岗位上最大限度地发挥自己的才能呢？

在管理中，我们经常提到的一个概念就是任人唯贤，善用比自己优秀的下属。但说归说，在具体的管理当中，能够做到这一点却不是很容易的事情。抛去社会上泛滥的任人唯亲的用人原则不说，即便是想要所谓的人才为我们所用，也不是件容易的事情。任人唯贤，首先要求我们要知人，要懂得识别人才。当然，在发现人才之后，我们对待人才的态度也非常重要，有的管理者能够以诚相待，有的管理者却从自己的利益出发，排挤人才，也就是通常所说的不能容人。可以说，发现人才并不难，难的是作为一个管理者要有度量，能够容人，这是任人唯贤的前提。

美国奥格尔维·马瑟公司总裁奥格尔维在一次内部会议上，曾经送给参加会议的每个人一个玩具娃娃。参加会议的公司高层面面相觑，不知道大老板是什么意思。奥格尔维说："大家都把面前的礼物打开看看吧，这里面的就是你们自己。"于是，公司里的高管们开始动手打开礼物的包装，结果每个人面前的情形都是一样的：大的玩具娃娃里面套着不大不小的娃娃，不大不小的娃娃里面套着小娃娃，再继续打开，每次都是一个比先前小的娃娃。当高管们打开最后一个娃娃的时候，里面放着一张奥格尔维写的纸条，上面写着这样的话："如果你经常雇用比你弱小的人，将来我们就会变成矮人国，变成一家侏儒公司。相反，如果你每次都雇用比你高大的人，日后我们必定成为一家巨人公司。"前面的一句话是从大娃娃往小娃娃的打开次序来说的，而后面一句则暗合从小娃娃到大娃娃的次序，这些公司的高管都是非常聪明的人物，不用奥格尔维解释，他们就立即明白了这是什么意思。这些礼物是要告诉他们，作为公司的管理者，要任人唯贤，尽量任用比自己优秀的员工，任用那些有一技之长的人。

善用比自己优秀的下属是需要一定度量的。一个比较成功的管理者都会有常人所不具有的容人之量，既懂得宽容员工的不足，也能容忍他们不经意的冒犯；既能听取有才能的员工的批评意见，也能容得下那些比较有个性、不怎么圆滑的员工；既能容得下员工在某个领域超过我们，又能为他们取得的成就真心地欢喜。春秋时代有一个叫祁子的大夫，国王让他推荐一个县令，他脱口而出："解斛。"国王说，他不是你的仇人吗？祁大夫笑道，国王您不是问我谁适合当县令吗？并没有问谁是我的仇人啊！国王感叹不已。而后又让他推荐一校尉，他便说："祁午。"国王又说，这祁午不是您的儿子吗？祁大夫慨然而言，国王您问的是谁适合做校尉，并没有问谁是我的儿子啊！二人走马上任后，均功勋卓著，堪当其职，祁子也由此成了千百年来内举不避亲、外举不避仇的典范。

任人唯贤，善用比自己优秀的下属，这就要求我们坚持下面的两条标准。首先，在考察员工的时候，我们要有"公心"，这一点是建立在我们无私的基础之上的。只有我们这些管理者不嫉贤妒能，无私地为企业着想，才能任人唯贤，才能发现并重用比我们优秀的员工。孔子曾经说过这样一句话："君子对天下之人，不分亲疏，无论厚薄，只亲近仁义之人。"

也就是说在对待人才这个问题上，我们应该不计较个人的得失和恩怨，只考虑国家和人民的利益。将之用在管理上，同样也是真理，只有把企业的利益放在首位，管理者才能任人唯贤，敢于重用比自己优秀的人才。其次，任人唯贤，重用比我们有才能的员工，需要我们在选用人才的时候，不避仇人。这就需要管理者公而忘私，有大度量和宽广的心胸，能够客观地对他人做出评鉴，即使以前和别人有过嫌隙，不喜欢他，也绝不一味地打压，因私误公。只要对方具有优秀的才能，我们就应该加以重用和推荐。

李嘉诚统领的长江实业集团，各路精英齐聚一堂。在这种"强强联盟"的环境中，所有行政人员和非行政人员的变动却是所有香港大公司中最小的，高层管理人员流失率更是低于1%。对此，李嘉诚自我"揭秘"："第一给他好的待遇，第二给他好的前途。"卡内基曾经说过这样的话："即使将我所有的工厂、设备、市场和资金全部夺去，但只要保留我的技术人员和组织人员，四年之后，我仍然是'钢铁大王'。"其实这也很好理解，虽然卡内基本人对冶金技术不懂，但并不代表所有的人都对冶金技术不了解，他之所以会这么自信地说，是因为他做到了最大限度地任人唯贤，充分任用了那些在冶金方面比他优秀的下属，体现出了人才的价值。

假如是一个容易忌妒、心胸狭隘的管理者，面对比自己优秀的员工就会如临大敌，别说重用，不打击就已经很难得了。在他们心里可能会这么想：那些平庸的下属没有什么才能，也成不了什么大气候，威胁不到我的地位，不至于抢了我的饭碗，假如重用这些比我优秀的下属，不知道哪一天自己的地位就会不保了。其实这种顾虑大可不必有，因为人都是有感情的，只要我们懂得相应的感情投资，他们也一定知道回报。因此，作为一个管理者，应该在用人上任人唯贤，大胆地重用那些有才能、比自己优秀的员工，让他们在适合自己的岗位上最大限度地发挥自己的才能。

大胆起用：充分挖掘新员工的潜能

大胆启用新员工，充分挖掘他们的潜能，是一个企业管理者必须掌握的技巧。一般说来，新员工的潜能需要我们激发，它是一种尚未开发出来的能力。有研究表明，现在一般人的潜能只有大约3%被开发了出来，假如我们能够开发出4%的潜能，那就是天才了。那么，作为企业管理者，要如何才能充分挖掘新员工的潜能呢？

在企业管理中，一般认为新员工由于刚刚进入企业，对企业还不是很熟悉，因此往往忽视他们的作用。其实，新员工相对老员工来说，有自己独特的优势，他们一般来说都有股初生牛犊不怕虎的闯劲，而且开拓创新的意识非常强，对企业管理来说，无疑是种新鲜的血液，用得好，就能取得意想不到的效果。

大胆启用新员工，充分挖掘他们的潜能，是一个企业管理者必须掌握的技巧。一般说来，新员工的潜能是一种尚未开发出来的能力，需要我们的激发。有研究表明，现在一般人的潜能只有大约3%被开发了出来，假如我们能够开发出4%的潜能，那就是天才了。即使像一些伟大的科学家，如爱迪生、牛顿、爱因斯坦等，他们也才开发出了5%的潜能，可见人的潜力是无穷无尽的。对新员工而言，我们只要有这个心思，就能进一步挖掘他们的潜能，但这种激发需要一个相当长的过程。在这个过程当中，也会有很多的因素制约和影响着我们对新员工的判断。这就要求我们不以新员工一时的表现来判断他们的好坏，也不能因一时的失误而否定他们。我们应该大胆地起用新员工，充分挖掘新员工的潜能。

大胆启用新员工，充分挖掘新员工的潜能，应该从以下三个方面入手：第一，对新员工的激励应该是多方面的、综合性的。对整个企业来说，制定的激励方法和措施，不仅要针对那些高学历和关键岗位上的新员工，还要满足处于普通岗位上的大部分新员工的需要和诉求。在这一方面，我们除了可以采取薪酬制度外，也可以利用提升职务和在企业中的身份地位等措施，确保新员工的潜能能够被充分地挖掘出来，激励他们在为企业工作的同时，最大地实现自己的价值。作为管理者，我们应该把激励新员工潜能作为一个长久的目标，采用福利激励、薪酬激励、培训激励以及物质和精神激励等的手段和方法，充分鼓励新员工进行自我挖掘。第二，对新员工潜能的挖掘，应该鼓励他们设计自己的职业生涯。我们也可以对现有新员工所处的岗位进行分析，根据不同的岗位和职责要求，进行重新分配和薪酬调整。在员工自我激励方面，我们应该及时对新员工进行精神上的奖励，让新员工参与企业日常的管理，提升那些平时工作认真、有能力的员工。对新员工我们应该实行职业生涯管理，为新员工提供奖励性的职业培训，适时让新员工进行岗位轮换。第三，在企业文化激励方面，我们应该利用企业的愿景发展规划增强新员工对企业的信心，提升凝聚力，通过各种各样的活动增强新员工的主人翁意识，通过建设有特色的企业文化，让新员工和企业之间形成某种联系，构成一个相互依存的关系，这样新员工就会发挥出巨大的潜能，为企业发展贡献力量。

国内通信企业中兴通讯就是大胆起用新员工的典范企业。近年来，中兴一直坚持从新员工中发掘人才，然后直接送到海外代表处历练，由此培养出了一大批能够独当一面的管理人才，充分发掘了新员工的潜能。到现在为止，中兴通讯派驻到海外代表处的员工差不多有5 000余人。为了能够激励新员工的创新欲望，挖掘他们的潜能，提高新员工的积极性，中兴在公司内部建立了一系列别出心裁的激励制度。比如规定对能够积极研究创新的新员工，不仅公司会授予荣誉称号，而且会对获得这种荣誉的新员工给予必要的物质支持和金钱奖励，从而促使新员工能够继续将创新保持下去。中兴这种与众不同的激励制度，对挖掘新员工潜能是一种有效的促进，更是一种眼光长远的自我投资，因为新员工的潜能被挖掘出来，整个企业必将因此而受益无穷。

法国的欧莱雅集团也是挖掘新员工潜能的典型企业。每年欧莱雅都会从全球招聘2 000名左右的管理人才，其中差不多有一半是刚刚大学毕业的学生，这里面只有10%的人具有初步的工作经验。对在中国招聘的新员工，欧莱雅也能够充分挖掘他们的潜能，一般都是先安排他们到法国的总部进行培训，然后再安排他们到总部不同的部门实习。对来自中国的年轻职员进行如此高投入的培训，这在法国公司中极为少见，这也让所有的新员工都有一种受重视的感觉，因此他们都能够自发地挖掘自己的潜能，以回报公司的重视。

综上所述，大胆起用新员工，挖掘他们的潜能，能够很好地调动新员工的积极性，使这部分员工更富激情地去开拓创新，为整个公司注入了一股新的力量，使整个企业保持活力。作为企业管理者的我们，必须意识到起用新员工的重要性，并充分挖掘他们的积极性，这样我们就能让企业高效地运转起来，并能够让它充满活力，与时俱进。

成就卓越：懂得运用尊重的力量

尊重的力量，它能够产生我们认为不可能的奇迹。作为一个企业的管理者，我们应该重视尊重的力量，学会在日常工作和管理中尊重下属，尊重我们企业当中每一个普通的员工，让他们都能感受到这种发自内心的敬仰。尊重别人，也必然会被别人所尊敬，这样就会使得我们在日常的管理中游刃有余。

一个企业想要成就非凡的业绩，一个管理者想要赢得卓越的管理，都必须借助企业员工的力量。从管理中制度的制定以及运行等方方面面都要尊重员工，对我们这些管理者来说，由于有一定的权力握在手中，而权力往往让人迷失自己，妄自尊大，因此就会造成一种优越感，面对普通员工一味地轻视，不懂得尊重这些企业最基本的"细胞"，不懂得尊重也是一种力量，也是管理的一种方式。

在一次企业召开的会议上，老板说，今天的这个会大家可以在一起说悄悄话，可以大声地把不满意的地方说出来，当然也可以开着手机玩游戏。愿意听我讲话的你就听，不愿意听我讲话的呢，你也可以去做点别的，总而言之一句话，就是要给大家充分的自由。老板刚刚说完，下面的员工中好多人都悄悄地把自己的手机关上了，老板在台上差不多讲了一下午，下面的员工却没有私底下说悄悄话的，也没有在会场上进进出出打电话的了，整个会议的效果非常好。这次大会一结束，老板自己就感慨：看来企业的员工是看重尊严的，他们需要被尊重，这种力量在以后的管理中是不能被忽视的。

在英国，一个很有名气的企业家在家门口散步的时候，遇到了一个摆摊卖书的小贩，这个小贩衣衫褴褛，正在寒风中啃着一块又干又硬的面包充饥。这个企业家在没有发家的时候，也曾经做过商贩，知道这种苦难的滋味，所以对眼前的这个小商贩生出一种怜悯之情，不假思索地就从自己的上衣兜里掏出了10英镑塞到小贩手里，然后急匆匆地往家里走。刚走进家门，大企业家觉得自己这么做有很大的不妥之处，于是又走出了家门，来到小贩的书摊前，捡了两本破书，向那一脸惊讶地看着他的年轻人解释说："对不起，我刚刚忘记拿书了，希望你不要介意。"在要回家之前，这个大企业家又对这个卖书的年轻人语重心长地说："就在十几年前，我也是像您一样的商人。"两年之后，这个大企业家应邀去参加一个慈善募捐活动，来参加的都是当地的名流。这时，一个西装革履的年轻人向大企业家走来，他紧紧地握住大企业家的手说："先生，您可能早已经不记得我了，但我却永远记住了您。我一直认为，我的这一生都会在摆摊中度过了，但是您亲口对我说的那句话：'我和您一样都是商人'，使我感受到了被尊重，让我树立了自尊和自信，这才有了现在的业绩。"

　　这就是尊重的力量，用在别人身上可以，用在我们的员工身上同样可以收到立竿见影的效果。尊重的方式多种多样，最重要的是，要让员工感受到我们是真心地尊重他们。当然，尊重绝对不是施舍，也不是悲悯和作秀，更不是外在的物质帮助或者馈赠。我们对员工的尊重，往往能在一个微小但却真诚的动作或者一句发自内心的话语中体现出来。国内一个很有名气的老板有一天在大街上散步，一个乞丐伸手向他乞讨，老板摸了一遍口袋，没有什么钱，就很抱歉地说："这位兄弟啊，很不好意思，我出门没有带钱，也没有什么吃的东西，让您失望了。"谁知道那个乞丐一下子紧紧地拉住了他的手说："谢谢你，谢谢你!"老板不解，问："我一没给你钱，二没给你吃的东西，你谢我什么?"乞丐解释说："我受够了这样的生活，原想要点吃的东西就结束我的生命。没想到遇见了您，称呼我为兄弟，给了我尊严，也给了我活下去的自信和希望!"这让老板非常惊喜，因为老板可能自己也没有觉察到自己的言行里面包含了一个正常人都需要的东西——尊重! 尊重能够让一个人的心摆脱寒冷和黑暗，看到冬天之后的春天，看到黑暗之后的黎明。老板一下子顿悟，于是，他在自己的企业里也改变了先前那种命令式的管理方式，给员工以尊重，约束了自己飞扬跋扈的行为，让员工体会到了真正被重视的感觉。老板也因为这样的改变，激发了员工的创造性，企业也悄然壮大了起来。

　　这就是尊重的力量，它能够产生我们认为不可能的奇迹。作为一个企业的管理者，我们应该重视尊重的力量，学会在日常工作和管理中尊重下属，尊重我们企业当中的每一个普通的员工，让他们都能感受到这种发自内心的敬仰。尊重别人，也必然会被别人所尊敬，这样我们在日常的管理中就会显得游刃有余。因为每个人都能因这种尊敬和被尊敬而自发地遵守规章和挖掘潜力，这样我们企业也就会充满和谐的气息，而更重要的是，尊重还能转化为巨大的生产力，推动整个企业快速地向前发展。